造价员岗前实战丛书

算量就这么简单
——剪力墙实例软件算量

■ 阎俊爱　主编　　■ 张向荣　张素姣　副主编

U0311203

化学工业出版社

·北京·

本书记录了用软件计算一份工程（1 号住宅楼）的全过程，首先告诉你每层要计算哪些工程量，然后讲解用软件怎样计算这些工程量，并给出了详细的操作步骤和标准答案，同时用软件的答案与手工的答案进行对比，对于个别对不上的工程量，说明了原因是什么。本书的目的是让你明白软件是怎么算的。

图书在版编目（CIP）数据

算量就这么简单——剪力墙实例软件算量/阎俊爱主编. —北京：化学工业出版社，2013.10（2016.3重印）
（造价员岗前实战丛书）
ISBN 978-7-122-18481-8

Ⅰ.①算… Ⅱ.①阎… Ⅲ.①剪力墙结构-工程造价-工程计算-应用软件　Ⅳ.①TU723.3

中国版本图书馆 CIP 数据核字（2013）第 222335 号

责任编辑：吕佳丽　　　　　　　　　　　　装帧设计：韩　飞
责任校对：徐贞珍

出版发行：化学工业出版社（北京市东城区青年湖南街 13 号　邮政编码 100011）
印　　装：三河市延风印装有限公司
787mm×1092mm　1/16　印张 10¼　字数 249 千字　2016 年 3 月北京第 1 版第 3 次印刷

购书咨询：010-64518888（传真：010-64519686）　售后服务：010-64518899
网　　址：http://www.cip.com.cn
凡购买本书，如有缺损质量问题，本社销售中心负责调换。

定　　价：38.00 元

本书编写人员名单

主　编　阎俊爱
副主编　张向荣　张素姣
参　编　毛洪宾　张西平　张晓丽　李文雁
　　　　李　伟　李　正　孟晓波　范恩海
　　　　龚小兰　雷　颖

丛书
说明

最新国家标准《建设工程工程量清单计价规范》（GB 50500—2013）和九个专业的工程量计算规范的全面强制推行，引起了全国建设工程领域内的政府建设行政主管部门、建设单位、施工单位及工程造价咨询机构的强烈关注，新规范相对于旧规范《建设工程工程量清单计价规范》（GB 50500—2008）而言，把计量和计价两部分进行分设，思路更加清晰、顺畅，对工程量清单的编制、招标控制价、投标报价、合同价款约定、合同价款调整、工程计量及合同价款的期中支付都有着明确详细的规定。这体现了全过程管理的思想，同时也体现出 2013 版《清单计价规范》由过去注重结算向注重前期管理的方向转变，更重视过程管理，更便于工程实践中实际问题的解决。

另外，我们在长期的教学实践中发现，尽管目前有很多工程造价方面的图书出版，但对于培养应用型本科人才却没有合适的教材可供选择。

基于上述背景，调整工程造价课程体系和教材内容已经刻不容缓。为了及时将国家标准规定的最新《建设工程工程量清单计价规范》（GB 50500—2013）和《房屋建筑与装饰工程工程量计算规范》（GB 50854—2013）融入到教材中，保持教材的先进性，作者根据《教育部关于进一步深化本科教学改革全面提高教学质量的若干意见》中的指导意见，以培养学生的实践动手能力为出发点，结合作者多年从事工程造价的教学经验和最新工作实践，编写了本套图书，旨在满足新形势下我国对相关专业人才培养的迫切要求。

本套图书包括五本：

1.《算量就这么简单——清单定额答疑解惑》

2.《算量就这么简单——剪力墙实例图纸》

3.《算量就这么简单——剪力墙实例手工算量（答案版）》

4.《算量就这么简单——剪力墙实例手工算量（练习版）》

5.《算量就这么简单——剪力墙实例软件算量》

本套图书具有以下几个显著特点：

（1）本套图书融入了最新国家标准《建设工程工程量清单计价规范》（GB 50500—2013）和《房屋建筑与装饰工程工程量计算规范》（GB 50854—2013）的内容，最新清单计价规范和计算规则自 2013 年 7 月 1 日实施，至此，2008 版清单作废。以 2008 清单为主编制的教材已经不再适用。

（2）本套图书的工程量计算以全国统一的《房屋建筑与装饰工程工程量计算规范》（GB 50854—2013）为主，同时把不同地区的定额规则加以归类，这样克服了以往图书的通用性较差的问题。

（3）本套图书操作性及应用性较强，简明实用，以培养学生的实践动手能力为出发点，适用于应用型本科及相关专业的教学。

（4）《算量就这么简单——清单定额答疑解惑》突出了以问题为导向的思想，在讲一个理论前，先把问题提出来，让学生思考、讨论，然后老师再做解答。学生通过思考将会对内容有很深的印象，而且也能调动学生学习的主动性和积极性，变被动学习为主动学习，让课堂教学由以教师为主转变为以学生为主。

（5）本套书的其他四本是与理论相配套的一个完整工程的手工算量、软件算量和图纸，而且手工算量分为答案版和练习版，让学生自己动手做，更注重培养学生的实际动手能力。软件算量有操作指南和标准答案，学生通过软件操作提高软件应用能力，而且还可以将手工算量结果与软件算量结果作对比，发现二者的不一致，分析原因，解决问题，从而培养学生发现问题、分析问题和解决问题的能力。

本套图书由阎俊爱教授担任主编，张素姣、张向荣担任副主编。其中理论部分：《算量就这么简单——清单定额答疑解惑》由阎俊爱、张素姣负责编写，其他四本《算量就这么简单——剪力墙实例图纸》、《算量就这么简单——剪力墙实例手工算量（答案版）》、《算量就这么简单——剪力墙实例手工算量（练习版）》和《算量就这么简单——剪力墙实例软件算量》由从事多年工程造价工作，具有丰富工程造价实践经验的张向荣负责编写。

由于编者水平有限，尽管尽心尽力，但难免有不当之处，敬请有关专家和读者提出宝贵意见，以不断充实、提高、完善。

编者
2013 年 7 月

前　言

用软件算量最怕的是什么？不知道软件算得对不对，这是很多人不敢使用软件的真正原因。本书旨在解决这个问题，让读者通过对量学会用软件算量。

1. 为什么很多人不敢使用软件？

为什么会产生这样的现象，这恰恰是因为软件把一个复杂的事情变得太简单了。广联达图形软件已经把手工繁琐的计算过程变成了非常简单的画图，你只要会用鼠标，能大致看懂图纸，就可以把一个工程做下来，但因为软件把所有的计算过程都隐含到了计算机内部，我们看到的往往是最后的结果。软件虽然也呈现了计算过程，但由于计算过程与手工思路不一样，很多人看不懂。这就造成了人们对软件的计算结果不放心，进而不敢使用软件。

2. 本书是怎样解决不敢使用软件问题的？

本书并没有用解释软件的计算过程来解决这个问题，而是用软件的结果与手工的标准答案进行对比。因为手工的计算过程你是清楚的，如果软件的答案与手工的答案完全一致，就证明软件算对了，进而可以证明软件的计算原理是正确的；如果软件的答案与手工的答案对不上，这时候要寻找对不上的原因，知道了原因我们在使用软件时就会通过其他方式来解决问题。通过这个过程，你就掌握了软件的"脾性"，做下一个工程时你就可以熟练驾驭软件，轻松提高工作效率。

按照以上所说的流程，用软件计算 1 号住宅楼之前我们需要先用手工计算这份图纸的标准答案，这份工作通过与本书配套的另外两本书来体现。书名是《算量就这么简单——剪力墙实例手工算量（答案版）》、《算量就这么简单——剪力墙实例手工算量（练习版）》。请你在学习这本书之前或之后学习那两本书，书上有手工详细的计算过程及标准答案，同时还用文字描述了计算公式。

3. 你通过本书能学到什么？

在写作过程中，我也碰到很多量与手工量对不上的情况，这时候我就会仔细检查是手工错了还是软件错了。比如，在计算外墙装修的时候就发现外墙装修的量对不上，经过仔细查对才明白，软件在计算外墙装修时计算了飘窗洞口的侧壁面积；而手工计算并不考虑飘窗洞口的侧壁面积；再比如，软件在计算内墙块料时计算了窗的四边侧壁，而手工在计算有窗台板的窗侧壁时，只计算三边的侧壁面积。这类问题我在写作过程中发现很多，最后都一一解决了，通过这个过程，我对软件的"脾性"摸得更清楚了，明白了软件在很多地方是怎么算的，我相信你使用了这本书也会达到同样的效果。

4. 你怎样学习这本书？

学习这本书的方法很简单，就是按照书中教你的操作步骤一步一步做下来，只要你做的答案与书中的答案对上了，就证明你做对了；如果你做的答案与书中的答案对不上，说明你做错了，返回去重新计算，直到对上答案为止。如果由于当地定额不同真的对不上，也请你仔细按照当地定额用手工算一遍某个量，找到软件对不上的原因，这对你掌握软件是非常有益的事情。如果你按照我所说的方法来做，你一定会受益匪浅的。

5. 本书的思考题在哪里找？

本书还有另外一个特点，就是给了你很多思考题，这些思考题都是我们在写作过程中总结出来的。为了不影响本书的写作结构，思考题答案并没有在本书中公布，如果这些思考题你能回答上来，就证明你对软件已经很了解了；如果这些思考题你不能回答上来，请加企业 QQ800014859 索要思考题答案。

6. 你在学习过程中碰到问题怎么办？

你在学习过程中若遇到任何问题，都可以加企业 QQ800014859 咨询，上班时间有专门的老师在线解答。如果我们没有在线，你可以把问题留下来，说明是哪本书哪一页的问题（问题越具体，越快速回答），我们会在第一时间回答你的问题。

7. 这里有三件事情需要特别说明一下：

（1）由于篇幅有限，本书只给出每个构件的软件量和手工量，并没有给出每层及全楼的最终报表汇总量，如果你需要每层及全楼的最终报表量，请加企业 QQ800014859 索要。

（2）本书是用广联达土建算量软件 GCL2013（10.3.4.896 版本）编写的，由于是 2013 版清单出版后刚出的新版本，其中有几个量仍然与手工对不上，广联达公司正在修改中，相信以后软件会改正确的。你在学习过程中碰到这些问题就过，只要你的答案与书中的软件答案对上就行了，不要在此耗费精力。

（3）本书是用 2013 版清单规则与北京定额规则编写的，也许由于与你所在的当地规则不一致，会有个别量与书本不一致，碰到此类问题请根据当地规则计算清楚正确结果。清楚软件是怎么算的才是学习这本书的真正目的。

因为本书数据量过大，尽管我们几个人多次校核，也可能出现疏漏，请在 QQ800014859 上提出来，我们会在第一时间更正，并在再版时修正过来，在此先谢谢你了。

张向荣
2013 年 8 月 31 日

目 录

第三章　二～四层工程量计算　　83

第四章　五层、屋面层工程量计算　　91

第一章　新建工程

从现在开始我们用广联达软件来计算 1 号住宅楼的图形工程量，但前提是你自己的电脑上必须装有广联达图形算量软件。以下的所有操作都是建立在你的电脑上装有广联达软件的基础上的，如果你还没有装软件，请赶快装上软件。如果你已经装好了软件，请按照本书所告诉你的步骤开始操作。

第一节　打 开 软 件

用鼠标左键单击电脑屏幕左下角的"开始"菜单（或微软图标）→单击"所有程序"菜单→单击"广联达建设工程造价管理整体解决方案"下拉菜单 →单击"广联达土建算量软件GCL2013"→单击"×"号取消"新版特性"，弹出"欢迎使用 GCL2013"界面，如图1-1所示。

图 1-1

→单击"新建向导"→弹出"新建工程：第一步，工程名称"界面，如图 1-2 所示。

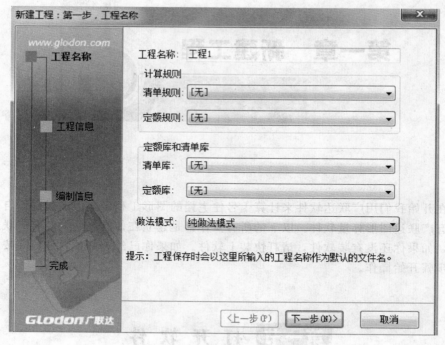

图 1-2

→修改工程名称为："1 号住宅楼"，请根据当地情况分别选择相应的清单规则、定额规则、清单库、定额库，如图 1-3 所示。

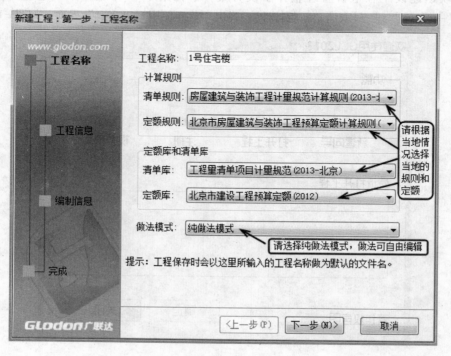

图 1-3

　　→单击"下一步"→进入"新建工程：第二步，工程信息"→根据立面图和剖面图信息（参加建施-09～建施-11）可以看出室内外高差为－1.200，所以修改序号 10 室外地坪相对标高为－1.2（序号 1～9 填不填都可以，对工程量并无影响），如图 1-4 所示。

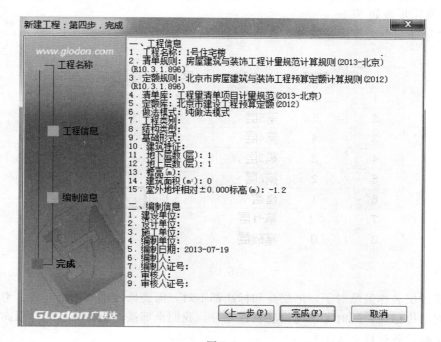

图 1-4

　　→单击"下一步"→进入"新建工程：第三步，编制信息"界面，这个界面也不用填写→单击"下一步"→进入"新建工程：第四步，完成"界面，如图 1-5 所示。

图 1-5

检查一下你所填写的信息是否正确,如果不正确,单击"上一步"返回去修改。如果没有问题,单击"完成"软件,默认进入"楼层信息"界面。

第二节　建　立　楼　层

从建施-12可以看出,本工程为6层,加上基础层和屋面层我们要建立8层,而软件默认只有首层和基础层,所以要另外添加6层,操作步骤如下。

单击"插入楼层"6次出现如图1-6所示的界面。

	编码	名称	层高(m)	首层	底标高(m)
1	7	第7层	3.000	☐	18.000
2	6	第6层	3.000	☐	15.000
3	5	第5层	3.000	☐	12.000
4	4	第4层	3.000	☐	9.000
5	3	第3层	3.000	☐	6.000
6	2	第2层	3.000	☐	3.000
7	1	首层	3.000	☑	0.000
8	0	基础层	3.000	☐	-3.000

图 1-6

这时候软件默认为基础层、首层～7层,没有地下室,与图纸要求不符,需要把首层变成－1层,操作步骤如下。

勾选"第2层"为首层,软件会自动调整层名称与图纸一致,如图1-7所示。

	编码	名称	层高(m)	首层	底标高(m)
1	6	第6层	3.000	☐	18.000
2	5	第5层	3.000	☐	15.000
3	4	第4层	3.000	☐	12.000
4	3	第3层	3.000	☐	9.000
5	2	第2层	3.000	☐	6.000
6	1	首层	3.000	☑	3.000
7	-1	第-1层	3.000	☐	0.000
8	0	基础层	3.000	☐	-3.000

图 1-7

这时候楼层名称虽然对了,但层高和标高都不对,需要修改得与图纸一致。考虑到施工时先施工到结构标高,同时考虑与钢筋软件互导,我们全部按结构标高和结构层高来建立楼层。结构层高计算过程见表1-1。

表 1-1　结构层高计算过程

层号	层顶结构标高	层底结构标高	结构层高(层顶-层底)	参考图纸	备注
屋面层	14.6	14	14.6−14=0.6	结施-12	
五层	14	11.1	14−11.1=2.9	结施-11	基础层高可建成 0.6，也可建成 0.77，两个标高对结果都无影响，只是建成 0.77 将来画垫层时要调整标高，这里选择基础层高为 0.6m
四层	11.1	8.3	11.1−8.3=2.8	结施-10	
三层	8.3	5.5	8.3−5.5=2.8	结施-10	
二层	5.5	2.7	5.5−2.7=2.8	结施-10	
一层	2.7	−0.1	2.7−(−0.1)=2.8	结施-10	
−1层	−0.1	−2.9	(−0.1)−(−2.9)=2.8	结施-09	
基础层	−2.9	−3.5(到基础底)	(−2.9)−(−3.5)=0.6	结施-02	
		−3.67(到垫层底)	(−2.9)−(−3.67)=0.77		

按照表 1-1 修改每层的标高和层高，如图 1-8 所示。

	编码	名称	层高(m)	首层	底标高(m)
1	6	屋面层	0.600	☐	14.000
2	5	第5层	2.900	☐	11.100
3	4	第4层	2.800	☐	8.300
4	3	第3层	2.800	☐	5.500
5	2	第2层	2.800	☐	2.700
6	1	首层	2.800	☑	-0.100
7	-1	第-1层	2.800	☐	-2.900
8	0	基础层	0.600	☐	-3.500

图 1-8

楼层下面的"标号设置"这里不用管他，因为选择的是"纯做法模式"和后面的子目标号没有连动关系。如果选择的是量表模式，这里的标号和后面的子目有联动关系（这里建议初学者不要选用量表模式，因为量表模式是软件自动帮你套好定额，对初学者并无益处，再者修改起来比较麻烦，对于预算老手可以尝试一下量表模式，是否好用需要读者自己感觉）。这样楼层就建立好了。接下来建立轴网。

第三节　建　立　轴　网

单击"绘图输入"进入绘图界面→单击轴线前面的"▷"使其展开（如果软件默认展开无此操作)→单击"轴网"→在"构件列表"下单击"新建"下拉菜单→单击"新建正交轴网"进入建立轴网界面，软件默认鼠标在"下开间"位置，常用值默认在"3000"上，根据建施-04 首层平面图来建立轴网。

单击"插入"按钮 9 次，软件默认轴号为 1~10，轴距均为 3000，要按照图纸建施-05 下开间尺寸将其修改，修改好的轴号与轴距如图 1-9 所示。

单击"左进深"→单击"插入"5 次，软件默认轴距为 3000，要按照图纸进行修改，修改好的轴距如图 1-10 所示。

从建施-05 可以看出，上开间和下开间不一样，所以需要建立上开间，单击"上开间"→单击"插入"7 次，修改轴号与轴距，如图 1-11 所示。

下开间	左进深	上开间
轴号	轴距	级别
1	2100	1
2	3600	1
4	3600	1
6	2100	1
7	300	1
8	2100	1
9	3600	1
11	3600	1
13	2100	1
14		1

图 1-9

下开间	左进深	上开间
轴号	轴距	级别
A	1200	1
B	3000	1
C	1800	1
D	5100	1
E		1

图 1-10

下开间	左进深	上开间
轴号	轴距	级别
1	4200	1
3	3000	1
5	4200	1
7	300	1
8	4200	1
10	3000	1
12	4200	1
14		1

图 1-11

右进深和左进深一样，为了绘图界面整洁，此处就不建立右进深了。

双击"构件名称"列表下的"轴网-1"弹出"请输入角度"界面，因此处轴网是正交，此处角度为 0 软件默认就是对的，单击"确定"轴网就建立好了，如图 1-12 所示。

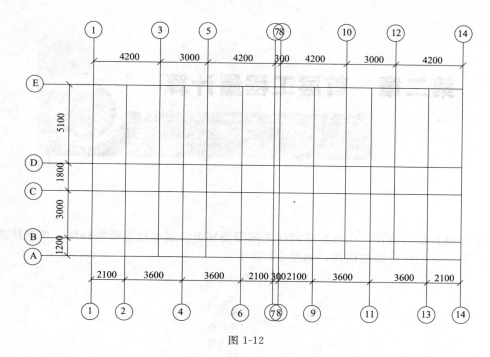

图 1-12

　　轴网建立好后，就可以做每层的工程量了。按照习惯，一般从某一层做起（软件从哪一层开始做，并无规定，根据工程具体情况酌情选择），其他层采用向上或向下复制的方法，然后修改，这样效率比较高，这里选择从首层开始计算。

第二章 首层工程量计算

接下来画首层的构件，在画首层构件之前需要知道首层要计算哪些构件，根据建筑物列项原理，列出首层要计算的构件，如图 2-1 所示。

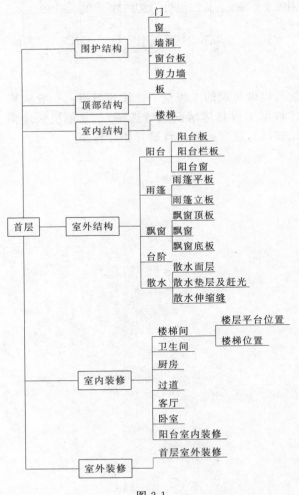

图 2-1

按照图 2-1 列出的构件来画首层的构件。软件里只有墙、门窗洞口、过梁必须按照墙→门窗洞口→过梁的顺序来画，其余构件没有严格的画图顺序，怎样效率高怎么画，只要不漏项就行。

接下来，在屏幕左上方将楼层切换到"首层"。我们来画首层的构件。

第一节 │ 画 墙

从建施-01建筑设计总说明中可以看出，本工程外墙均为200厚混凝土墙，内墙200厚的为钢筋混凝土墙，100厚的为条板墙，下面首先定义墙。

一、定义墙

首先来定义混凝土墙，操作步骤如下。

单击"墙"前面的"▷"将其展开→单击"墙"→单击"新建"下拉菜单→单击"新建外墙"，修改墙的名称及其他属性，如图2-2所示。

属性名称	属性值	附加
名称	混凝土外墙	
类别	混凝土墙	☐
材质	预拌混凝土	☐
混凝土类型	(预拌混凝土)	☐
混凝土标号	(C30)	☐
厚度(mm)	200	☐
轴线距左墙	(100)	☐
内/外墙标	外墙	☐
模板类型	复合模板	☐
起点顶标高	层顶标高	
终点顶标高	层顶标高	
起点底标高	层底标高	
终点底标高	层底标高	
判断短肢剪	程序自动判断	
是否为人防	否	☐

图 2-2

双击"构件列表"下建好的"混凝土外墙"名称进入"构件做法"界面，根据建筑设计总说明和结构设计总说明所给的信息建立混凝土墙的做法，建立好的混凝土墙的做法，如图2-3所示。

	编码	类别	项目名称	项目特征	单位	工程量表达	表达式说明	措施项目
1	─ 010504001	项	直形墙 (清单体积)	1. C30:	m3	JLQTJQD	JLQTJQD<剪力墙体积 (清单)>	☐
2	子目1	补	混凝土墙 (定额体积)		m3	JLQTJ	JLQTJ<剪力墙体积>	☐
3	─ 011702011	项	直形墙 (清单模板面积)	1. 复合模板:	m2	JLQMBMJQD	JLQMBMJQD<剪力墙模板面积 (清单)>	☑
4	子目1	补	混凝土墙 (定额模板面积)		m2	JLQMBMJ	JLQMBMJ<剪力墙模板面积>	☑
5	子目2	补	混凝土墙 (定额超高模板面积)		m2	CGMBMJ	CGMBMJ<超高模板面积>	☑

图 2-3

用同样的方法定义混凝土内墙，建立好的砌块墙的属性和做法，如图 2-4 所示。

属性名称	属性值	附加
名称	混凝土内墙	
类别	混凝土墙	☐
材质	预拌混凝土	☐
混凝土类型	(预拌混凝土)	☐
混凝土标号	(C30)	☐
厚度(mm)	200	☐
轴线距左墙	(100)	☐
内/外墙标	内墙	☐
模板类型	复合模板	☐
起点顶标高	层顶标高	☐
终点顶标高	层顶标高	☐
起点底标高	层底标高	☐
终点底标高	层底标高	☐
判断短肢剪	程序自动判	☐
是否为人防	否	☐

	编码	类别	项目名称	项目特征	单位	工程量表达	表达式说明	措施项目
1	─ 010504001	项	直形墙 (清单体积)	1. C30:	m3	JLQTJQD	JLQTJQD〈剪力墙体积 (清单)〉	☐
2	─ 子目1	补	混凝土墙 (定额体积)		m3	JLQTJ	JLQTJ〈剪力墙体积〉	☐
3	─ 011702011	项	直形墙 (清单模板面积)	1. 复合模板	m2	JLQMBMJQD	JLQMBMJQD〈剪力墙模板面积 (清单)〉	☑
4	─ 子目1	补	混凝土墙 (定额模板面积)		m2	JLQMBMJ	JLQMBMJ〈剪力墙模板面积〉	☑
5	─ 子目2	补	混凝土墙 (定额超高模板面积)		m2	CGMBMJ	CGMBMJ〈超高模板面积〉	☑

图 2-4

用同样的方法定义 100 厚的条板墙，建立好的条板墙的属性和做法，如图 2-5 所示。

思考题（答案请加企业 QQ800014859 索取）：为什么条板墙的类别要建成砌块墙？

二、画墙

根据结施-04 来画首层的墙，在这里先画外墙，后画内墙。

1. 画混凝土外墙

采用顺时针的方向来画外墙，具体操作步骤如下：

选择"混凝土墙外墙"名称→单击"直线"按钮→单击 2/A 交点→单击 2/B 交点→单击 1/B 交点→单击 1/E 交点→单击 7/E 交点→单击 7/B 交点→单击 6/B 交点→单击 6/A 交点→单击 2/A 交点→单击右键结束。

2. 画混凝土内墙

选中"混凝土内墙"名称，操作步骤如下：

单击 2/B 交点→单击 2/C 交点→单击右键结束。

单击 4/A 交点→单击 4/D 交点→单击右键结束。

单击 6/B 交点→单击 6/C 交点→单击右键结束。

属性名称	属性值	附加
名称	条板墙	
类别	砌块墙	☐
材质	砌块	☐
砂浆标号	(M5)	☐
砂浆类型	(混合砂浆)	☐
厚度(mm)	100	☐
轴线距左墙	(50)	☐
内/外墙标	内墙	☐
起点顶标高	层顶标高	☐
终点顶标高	层顶标高	☐
起点底标高	层底标高	☐
终点底标高	层底标高	☐
是否为人防	否	☐

	编码	类别	项目名称	项目特征	单位	工程量表达	表达式说明	措施项目
1	011210005	项	成品隔断	1. 100厚水泥条板墙:	m2	MJ	MJ〈面积〉	☐
2	子目1	补	条板墙面积		m2	MJ	MJ〈面积〉	☐

图 2-5

单击 3/D 交点→单击 3/E 交点→单击右键结束。

单击 5/D 交点→单击 5/E 交点→单击右键结束。

单击 1/C 交点→单击 7/C 交点→单击右键结束。

单击 1/D 交点→单击 7/D 交点→单击右键结束。

3. 画辅助轴线

接下来画条板墙。从建施-04 可以看出卫生间与过道间有段条板墙，从图中可以看出，板条墙中心线距离 4 轴线为±2200，首先打两条辅轴。操作步骤如下：

单击"平行"按钮→单击 4 轴线弹出"请输入"对话框→填写偏移值"2200"→单击确定→单击 4 轴线弹出"请输入"对话框→填写偏移值"－2200"→单击确定，这样条板墙的两条辅轴就画好了。如图 2-6 所示。

4. 画条板墙

接下来画条板墙，操作步骤如下：

选择"条板墙"名称→单击 3 轴左侧辅轴与 C 轴交点→单击 3 轴左侧辅轴与 D 轴的交点→单击右键结束。

单击 5 轴右侧辅轴与 C 轴交点→单击 5 轴右侧辅轴与 D 轴的交点→单击右键结束。

这样首层一半的墙就画好了。如图 2-7 所示。

5. 删除辅助轴线

为了保持图面整洁，这里要删除画条板墙所用的辅助轴线，操作步骤如下：

在画"辅助轴线"的状态下，单击"删除构件图元"按钮 ✐ →单击 3 轴左边的辅轴→单

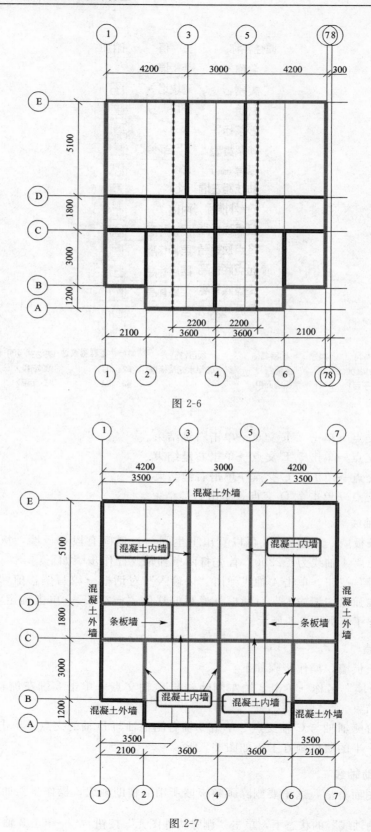

图 2-6

图 2-7

击 5 轴右侧的辅轴→单击右键，弹出"确认"对话框→单击"是"，这样辅轴就删除了。

三、查看墙软件计算结果

单击"汇总计算"，软件会出现"确定执行计算汇总"对话框，软件默认勾选就在首层上→单击"确定"→汇总结束后单击"确定"。

汇总结束后，单击"查看工程量"按钮→拉框选择所有画好的墙，弹出"查看构件图元工程量"对话框→单击"做法工程量"，首层墙做法工程量见表 2-1。

表 2-1　首层墙做法工程量汇总

编　码	项 目 名 称	单　位	工　程　量
011210005	成品隔断	m²	8.96
子目 1	条板墙面积	m²	8.96
011702011	直形墙（清单模板面积）	m²	486.08
子目 2	混凝土墙（定额超高模板面积）	m²	0
子目 1	混凝土墙（定额模板面积）	m²	486.08
010504001	直形墙（清单体积）	m³	49.504
子目 1	混凝土墙（定额体积）	m³	49.504

第二节　画 首 层 门

一、定义首层门

1. 定义门 M-1221

单击"门窗洞"前面的"▷"号使其展开→单击下一级的"门"→在"构件列表"下单击"新建"下拉菜单→单击"新建矩形门"软件自动生成"M-1"→在"属性编辑框"内修改门名称及其他信息，如图 2-8 所示。

思考题（答案请加企业 QQ800014859 索取）：

1. 为什么要把门框厚修改为 0？

2. 为什么门的离地高度要修改为－800？

2. 定义门 M-0921（户门）

用同样的方法建立入户防盗门 M-0921（户门）的属性和做法，如图 2-9 所示。

3. 定义门 M-0821

建立好的胶合板门 M-0821 的属性和做法如图 2-10 所示

注：如果运输不发生，可不套运输这一子目。

4. 定义门 M-0921（内门）

建立好的胶合板门 M-0921（内门）的属性和做法如图 2-11 所示。

5. 定义门 M-1523（内门）

建立好的胶合板门 M-1523 的属性和做法如图 2-12 所示。

建立好的铝合金推拉门 TLM2521 的属性和做法如图 2-13 所示。

属性名称	属性值	附加
名称	M-1221	
洞口宽度(mm)	1200	☐
洞口高度(mm)	2100	☐
框厚(mm)	0	☐
立樘距离(mm)	0	☐
离地高度(mm)	-800	☐
是否随墙变斜	否	☐
框左右扣尺寸	0	☐
框上下扣尺寸	0	☐
框外围面积(m2)	2.52	☐
洞口面积(m2)	2.52	☐
是否为人防构	否	☐

	编码	类别	项目名称	项目特征	单位	工程量表达式	表达式说明	措施项目
1	─ 010805003	项	电子对讲门（洞口面积）	1. 钢制成品门	m2	DKMJ	DKMJ<洞口面积>	☐
2	─ 子目1	补	单元对讲门（框外围面积）		m2	KWWMJ	KWWMJ<框外围面积>	☐
3	─ 子目2	补	后塞口（框外围面积）		m2	KWWMJ	KWWMJ<框外围面积>	☐

图 2-8

属性名称	属性值	附加
名称	M-0921（户门）	
洞口宽度(mm)	900	☐
洞口高度(mm)	2100	☐
框厚(mm)	0	☐
立樘距离(mm)	0	☐
离地高度(mm)	0	☐
是否随墙变	否	☐
框左右扣尺	0	☐
框上下扣尺	0	☐
框外围面积	1.89	☐
洞口面积(m2)	1.89	☐
是否为人防	否	☐

	编码	类别	项目名称	项目特征	单位	工程量表达式	表达式说明	措施项目
1	─ 010802004	项	防盗门（洞口面积）	1. 成品	m2	DKMJ	DKMJ<洞口面积>	☐
2	─ 子目1	补	防盗门（框外围面积）		m2	KWWMJ	KWWMJ<框外围面积>	☐
3	─ 子目2	补	后塞口（框外围面积）		m2	KWWMJ	KWWMJ<框外围面积>	☐

图 2-9

属性名称	属性值	附加
名称	M-0821	
洞口宽度(mm)	800	
洞口高度(mm)	2100	
框厚(mm)	0	
立樘距离(mm)	0	
离地高度(mm)	0	
是否随墙变斜	否	
框左右扣尺寸(mm)	0	
框上下扣尺寸(mm)	0	
框外围面积(m2)	1.68	
洞口面积(m2)	1.68	
是否为人防构件	否	

	编码	类别	项目名称	项目特征	单位	工程量表达式	表达式说明	措施项目
1	010801001	项	木质门（洞口面积）	1.胶合板门	m2	DKMJ	DKMJ<洞口面积>	
2	子目1	补	制安（框外围面积）		m2	KWWMJ	KWWMJ<框外围面积>	
3	子目2	补	运输（框外围面积）		m2	KWWMJ	KWWMJ<框外围面积>	
4	子目3	补	后塞口（框外围面积）		m2	KWWMJ	KWWMJ<框外围面积>	
5	子目4	补	油漆（框外围面积）		m2	KWWMJ	KWWMJ<框外围面积>	
6	子目5	补	五金		樘	SL	SL<数量>	

图 2-10

属性名称	属性值	附加
名称	M-0921（内门）	
洞口宽度	900	
洞口高度	2100	
框厚(mm)	0	
立樘距离	0	
离地高度	0	
是否随墙变	否	
框左右扣尺	0	
框上下扣尺	0	
框外围面积	1.89	
洞口面积	1.89	
是否为人防	否	

	编码	类别	项目名称	项目特征	单位	工程量	表达式说明	措施项目
1	010801001	项	木质门（洞口面积）	1.胶合板门	m2	DKMJ	DKMJ<洞口面积>	
2	子目1	补	制安（框外围面积）		m2	KWWMJ	KWWMJ<框外围面积>	
3	子目2	补	运输（框外围面积）		m2	KWWMJ	KWWMJ<框外围面积>	
4	子目3	补	后塞口（框外围面积）		m2	KWWMJ	KWWMJ<框外围面积>	
5	子目4	补	油漆（框外围面积）		m2	KWWMJ	KWWMJ<框外围面积>	
6	子目5	补	五金		樘	SL	SL<数量>	

图 2-11

属性名称	属性值	附加
名称	M-1523	
洞口宽度（	1500	☐
洞口高度（	2300	☐
框厚（mm）	0	☐
立樘距离（	0	☐
离地高度（	0	☐
是否随墙变	否	☐
框左右扣尺	0	☐
框上下扣尺	0	☐
框外围面积	3.45	☐
洞口面积（m	3.45	☐
是否为人防	否	☐

	编码	类别	项目名称	项目特征	单位	工程量	表达式说明	措施项目
1	─ 010801001	项	木质门（洞口面积）	1. 胶合板门：	m2	DKMJ	DKMJ〈洞口面积〉	☐
2	子目1	补	制安（框外围面积）		m2	KWWMJ	KWWMJ〈框外围面积〉	☐
3	子目2	补	运输（框外围面积）		m2	KWWMJ	KWWMJ〈框外围面积〉	☐
4	子目3	补	后塞口（框外围面积）		m2	KWWMJ	KWWMJ〈框外围面积〉	☐
5	子目4	补	油漆（框外围面积）		m2	KWWMJ	KWWMJ〈框外围面积〉	☐
6	子目5	补	五金		樘	SL	SL〈数量〉	☐

图 2-12

属性名称	属性值	附加
名称	TLM-2521	
洞口宽度（mm）	2500	☐
洞口高度（mm）	2100	☐
框厚（mm）	0	☐
立樘距离（mm）	0	☐
离地高度（mm）	0	☐
是否随墙变斜	否	☐
框左右扣尺寸	0	☐
框上下扣尺寸	0	☐
框外围面积（m	5.25	☐
洞口面积（m2）	5.25	☐
是否为人防构	否	☐

	编码	类别	项目名称	项目特征	单位	工程量	表达式说明	措施项目
1	─ 010802001	项	金属（塑钢）门	1. 铝合金推拉门：	m2	DKMJ	DKMJ〈洞口面积〉	☐
2	子目1	补	制安（框外围面积）		m2	KWWMJ	KWWMJ〈框外围面积〉	☐
3	子目2	补	后塞口（框外围面积）		m2	KWWMJ	KWWMJ〈框外围面积〉	☐

图 2-13

二、画首层门

根据建施-04 来画首层门，操作步骤如下。

1. 画 M-1221

单击"绘图"按钮进入绘图界面→选择"M-1221"名称→单击"精确布置"按钮→单击 E 轴的墙→单击 3/E 交点，软件会自动弹出"请输入偏移值"对话框 →填写偏移值"900"，如图 2-14 所示。

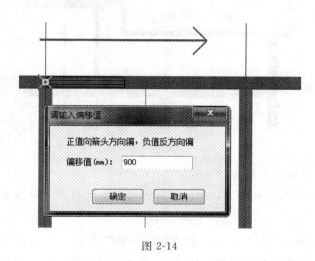

图 2-14

注：如果箭头方向与本图相反，要填写"－900"。

→单击"确定"，M1221 就画好了。

2. 画 M-0921（户门）

选择"M-0921（户门）"名称→单击"精确布置"按钮→单击 3 轴墙→单击 3/D 交点，软件会自动弹出"请输入偏移值"对话框，→填写偏移值"200"，如图 2-15 所示。

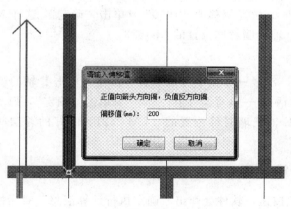

图 2-15

注：如果箭头方向相反，要填写"－200"。

→单击"确定"，M0921（户门）就画好了。

用相同的方法画 5 轴线上的 M0921（户门）。

3. 画 M-0821

选择"M-0821"名称 →单击"精确布置"按钮→单击3轴线左条板墙→条板墙与D轴的交点，软件会自动弹出"请输入偏移值"对话框 →填写偏移值"200"，如图2-16所示。

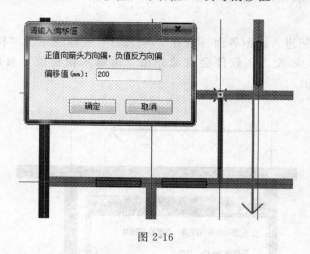

图 2-16

注：如果箭头方向相反，填写"—200"。

单击"确定"，M0821就画好了，用同样的方法画5轴右侧的条板墙上的M0821。

4. 画 M-0921（内门）

选择"M-0921（内门）"名称 →单击"精确布置"按钮→单击C轴线墙→单击2/C交点，软件会自动弹出"请输入偏移值"对话框 →填写偏移值"200"→再次单击C轴线墙→单击2/C交点，弹出"请输入偏移值"对话框→填写偏移值"—200"，这样2/C交点左右两侧门就画好了。

用同样的方式画6/C交点左右两侧的门。

5. 画 M-1523

选择"M-1523"名称→单击"精确布置"按钮→单击D轴的墙→单击1/D交点，弹出"请输入偏移值"对话框 →填写偏移值"1950"→单击"确定"，这样M-1523就画好了。

用相同的方法画D轴线墙对称位置的M-1523。

6. 画 TLM-2521

选择"TLM-2521"名称 →单击"精确布置"按钮→单击E轴的墙→单击1/E交点，弹出"请输入偏移值"对话框 →填写偏移值"850"→单击"确定"，TLM-2521就画好了。

用相同的方法画E轴线墙对称位置的TLM-2521。画好的首层1～7轴线门如图2-17所示。

三、查看门软件计算结果

单击"汇总计算"按钮，软件会弹出"确定执行计算汇总"对话框，软件默认汇总就在首层上→单击"确定"→汇总结束后单击"确定"。

单击"查看工程量"按钮→拉框选择所有的画好的门→单击"确定"，软件会自动弹出"查看构件图元工程量"对话框→单击"做法工程量"，首层门做法工程量汇总见表2-2。

注：为了和手工对量，我们把此表加一列手工算量，后面所有表相同，不再说明。

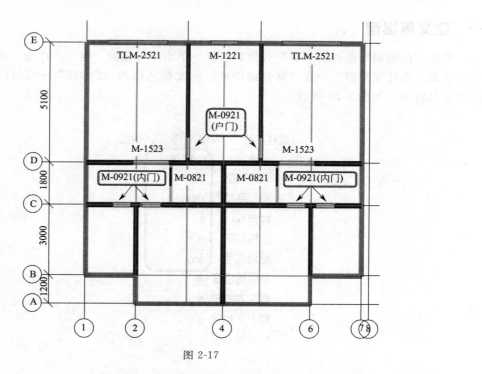

图 2-17

表 2-2　首层门做法工程量汇总

编　　码	项 目 名 称	单　位	软件量	手工量
010805003	电子对讲门（洞口面积）	m²	2.52	2.52
子目1	单元对讲门（框外围面积）	m²	2.52	2.52
子目2	后塞口（框外围面积）	m²	2.52	2.52
010802004	防盗门（洞口面积）	m²	3.78	3.78
子目1	防盗门（框外围面积）	m²	3.78	3.78
子目2	后塞口（框外围面积）	m²	3.78	3.78
010802001	金属（塑钢）门	m²	10.5	10.5
子目2	后塞口（框外围面积）	m²	10.5	10.5
子目1	制安（框外围面积）	m²	10.5	10.5
010801001	木质门（洞口面积）	m²	17.82	17.82
子目3	后塞口（框外围面积）	m²	17.82	17.82
子目5	五金	樘	8	8
子目4	油漆（框外围面积）	m²	17.82	17.82
子目2	运输（框外围面积）	m²	17.82	17.82
子目1	制安（框外围面积）	m²	17.82	17.82

单击"退出"按钮，退出查看构件图元工程量对话框。

第三节　画首层窗

从建施-04 可以看出，首层只有厨房窗 C-1215 属于窗，其余飘窗和阳台窗在软件里属于带形窗，我们在画阳台和飘窗时再定义。

一、定义首层窗

单击"门窗洞"前面的"▷"号使其展开→单击下一级的"窗"→单击"新建"下拉菜单→单击"新建矩形窗"→在"属性编辑框"内改窗名称为"C1215"→填写门的属性、做法及项目特征，如图 2-18 所示。

属性名称	属性值	附加
名称	C-1215	☐
洞口宽度	1200	☐
洞口高度	1500	☐
框厚(mm)	0	☐
立樘距离	0	☐
离地高度	900	☐
是否随墙变	是	☐
框左右扣尺	0	☐
框上下扣尺	0	☐
框外围面积	1.8	☐
洞口面积	1.8	☐

	编码	类别	项目名称	项目特征	单位	工程量表达	表达式说明
1	─ 010807001	项	金属（塑钢、断桥）窗	1. 塑钢窗（洞口面积）	m2	DKMJ	DKMJ<洞口面积>
2	└ 子目1	补	制安		m2	KWWMJ	KWWMJ<框外围面积>
3	└ 子目2	补	后塞口		m2	KWWMJ	KWWMJ<框外围面积>

图 2-18

二、定义楼梯间窗

从立面图及建施-05 二层平面图可以看出，楼梯间位置也有 C-1215，楼梯间窗介于首层和二层中间，又从建施-13 的 1—1 剖面详图可以计算出，此窗的底标高为 2.1m，距离－0.1 首层底结构标高为 2.2m，也就是楼梯间窗的离地高度为 2200。

此窗在首层画和二层画都可以，但此窗影响到首层的墙体工程量，我们这里在首层画此窗。用前面教过的方法定义楼梯间窗，如图 2-19 所示。

思考题（答案请加企业 QQ800014859 索取）：为什么楼梯间的窗离地高度是 2200？

三、画首层窗

根据建施-04 来画首层窗，操作步骤如下：

单击"绘图"按钮进入绘图界面→选择"C1215"名称→单击"精确布置"按钮→单击B 轴 1～2 段墙→单击 1/B 交点，软件会自动弹出"请输入偏移值"对话框 →填写偏移值"450"（软件箭头方向相反，填写－450），如图 2-20 所示→单击"确定"，这样 B/1～2 处的窗就画好了。

用相同的方法画 B/6～7 的 C1512，画好的窗如图 2-21 所示。

属性名称	属性值	附加
名称	C-1215（楼梯间）	
洞口宽度	1200	
洞口高度	1500	
框厚（mm）	0	
立樘距离	0	
离地高度	2200	
是否随墙变	是	
框左右扣尺	0	
框上下扣尺	0	
框外围面积	1.8	
洞口面积（m	1.8	

	编码	类别	项目名称	项目特征	单位	工程量表达	表达式说明
1	010807001	项	金属（塑钢、断桥）窗	1 塑钢窗（洞口面积）	m2	DKMJ	DKMJ〈洞口面积〉
2	子目1	补	制安		m2	KWWMJ	KWWMJ〈框外围面积〉
3	子目2	补	后塞口		m2	KWWMJ	KWWMJ〈框外围面积〉

图 2-19

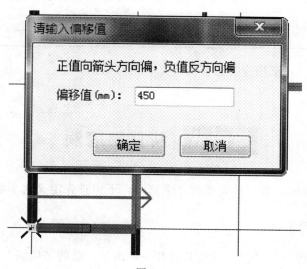

图 2-20

四、查看窗软件计算结果

单击"汇总计算"，软件自动弹出"确定执行计算汇总"对话框，软件默认汇总就在首层上→单击"确定"→等汇总结束后单击"确定"。

单击"查看工程量"按钮→拉框选择所有的画好的窗→单击"确定"，软件会自动弹出"查看构件图元工程量"对话框→单击"做法工程量"。首层窗工程量汇总见表 2-3。

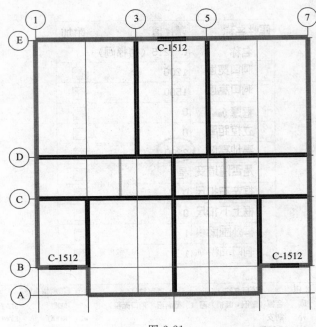

图 2-21

表 2-3 首层窗工程量汇总

编　码	项 目 名 称	单　位	软件量	手工量
010807001	金属（塑钢、断桥）窗	m²	5.4	5.4
子目 2	后塞口	m²	5.4	5.4
子目 1	制安	m²	5.4	5.4

单击"退出"按钮，退出查看构件图元工程量对话框。

第四节 画首层墙洞

从建施-04 可以看出，首层飘窗处有 4 个墙洞，下面首先定义这个墙洞。

一、定义首层墙洞

单击"门窗洞"前面的"▷"号使其展开→单击下一级的"墙洞"→单击"新建"下拉菜单→单击"新建矩形墙洞"→在"属性编辑框"内改门名称为"D2515"→填写门的属性、做法及项目特征，如图 2-22 所示。

二、画首层墙洞

根据建施-04 来画首层墙洞，操作步骤如下：

单击"绘图"按钮进入绘图界面→选择"D-2515"名称→单击"精确布置"按钮→单击 A 轴的墙→单击 2 轴与 A 轴墙的交点，软件会自动出现"请输入偏移值"对话框→填写偏移值"550"，如图 2-23 所示（如果箭头方向与本图相反，填写－550）。

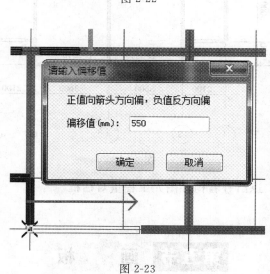

属性名称	属性值
名称	D2515
洞口宽度(mm)	2500
洞口高度(mm)	1500
离地高度(mm)	900
洞口面积(m2)	3.75

	编码	类别	项目名称	项目特征	单位	工程量表达式	表达式说明	措施项目
1	⊟ B001	补项	飘窗洞口		m2	DKMJ	DKMJ〈洞口面积〉	☐
2	B子目1	补	洞口面积		m2	DKMJ	DKMJ〈洞口面积〉	☐
3	⊟ 010809004	项	石材窗台板	1. 大理石:	m2	DKKD*0.65	DKKD〈洞口宽度〉*0.65	☐
4	子目1	补	窗台板（面积）		m2	DKKD*0.65	DKKD〈洞口宽度〉*0.65	☐

图 2-22

图 2-23

　　→单击"确定"，这样 D-2515 就画好了，用相同的方法画 A 轴墙 4～6 轴线段上的洞口，画好的墙洞如图 2-24 所示。

三、查看墙洞软件计算结果

　　单击"汇总计算"，软件自动弹出"确定执行计算汇总"对话框，软件默认汇总就在首层上→单击"确定"→等汇总结束后单击"确定"。

　　单击"查看工程量"→拉框选择所有的画好的墙洞→单击"确定"，软件会自动出现"查看构件图元工程量"对话框→单击"做法工程量"，首层墙洞软件计算结果见表 2-4。

表 2-4　首层墙洞做法工程量

编　　码	项 目 名 称	单　　位	软件量	手工量
B001	飘窗洞口	m²	7.5	7.5
B子目1	洞口面积	m²	7.5	7.5
010809004	石材窗台板	m²	3.25	3.25
子目1	窗台板(面积)	m²	3.25	3.25

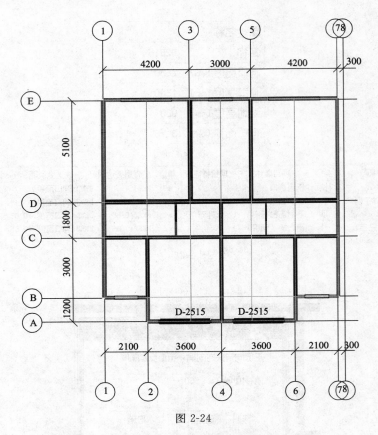

图 2-24

单击"退出"按钮，退出查看构件图元工程量对话框。

第五节 画 板

一、定义板

从结施-10 可以看出，首层板厚均为 120 厚，我们首先来定义首层板。

单击"板"前面的"▷"号使其展开→单击下一级的"现浇板"→单击"新建"下拉菜单→单击"新建现浇板"→在"属性编辑框"内改板名称为"B-120"→填写 B-120 的属性和做法，如图 2-25 所示。

二、画首层板

根据结施-10 来画首层板，这里用点的功能来画首层板，操作步骤如下：

单击"绘图"按钮进入绘图界面→选择"B-120"名称 →单击"点"按钮→单击 (1～3)/(D～E) 区域内的任意一点（见图 2-26），这样 (1～3)/(D～E) 区域内的板就画好了。

用同样的画法布置其他位置的 B-120，如图 2-27 所示。

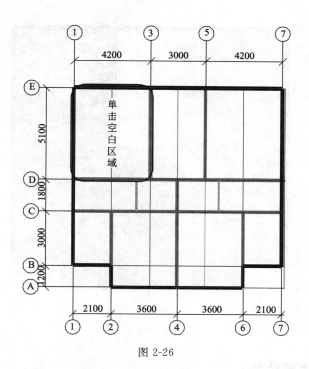

	属性名称	属性值	附加
	名称	B-120	
	材质	预拌混凝	☐
	类别	平板	☐
	混凝土类型	(预拌混凝土)	☐
	混凝土标号	C30	☐
	厚度(mm)	(120)	☐
	顶标高(m)	层顶标高	☐
	坡度(°)		☐
	是否是楼板	是	☐
	是否是空心	否	☐
	模板类型	复合模扳	☐

	编码	类别	项目名称	项目特征	单位	工程量表达	表达式说明	措施项目
1	─ 010505003	项	平板(体积)	1. C30:	m3	TJ	TJ<体积>	☐
2	子目1	补	平板(体积)		m3	TJ	TJ<体积>	☐
3	─ 011702016	项	平板(底面模板面积)	1. 普通模板:	m2	MBMJ	MBMJ<底面模板面积>	☑
4	子目1	补	平板(底面模板面积)		m2	MBMJ	MBMJ<底面模板面积>	☑
5	子目2	补	平板(超高模板面积)		m2	CGMBMJ	CGMBMJ<超高模板面积>	☑

图 2-25

图 2-26

注：因为走廊和卫生间被条板墙隔断，不希望板也被条板墙隔断，后面用矩形画法来解决这个问题。

接下来用矩形的功能画走廊处的板，操作步骤如下：

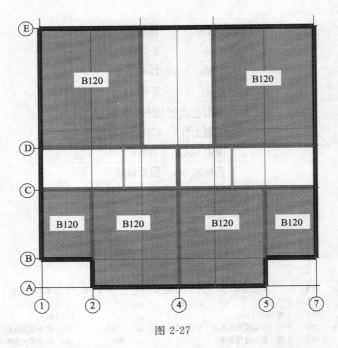

图 2-27

选择"B120"名称→单击"矩形"按钮→单击 1/D 交点→单击 4/C 交点→单击 4/D 交点→单击 7/C 交点,这样走廊和卫生间上的板就画好了,如图 2-28 所示。

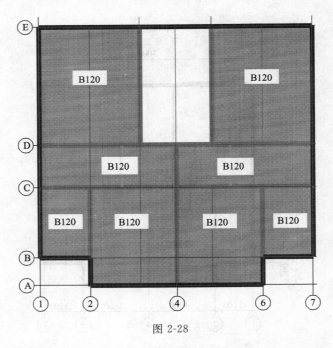

图 2-28

三、查看板软件计算结果

汇总结束后,单击"查看工程量"→拉框选择所有画好的板,软件会自动弹出"查看构件图元工程量"对话框→单击"做法工程量",首层已画好板的工程量汇总见表 2-5。

表 2-5　首层已画好板的工程量汇总

编　码	项　目　名　称	单　位	软件量	手工量
011702016	平板（底面模板面积）	m²	94.64	94.64
子目 2	平板（超高模板面积）	m²	0	0
子目 1	平板（底面模板面积）	m²	94.64	94.64
010505003	平板（体积）	m³	11.3568	11.357
子目 1	平板（体积）	m³	11.3568	11.357

单击"退出"按钮，退出查看构件图元工程量对话框。

四、画首层阳台板

从结施-10 和结施-07 中可以看出，首层阳台的三边都不在轴线位置，需要沿着阳台边先打三条辅轴。

1. 画辅助轴线

单击"平行"按钮→单击 E 轴上任意一段（非交点处），弹出"请输入"对话框→输入偏移距离"1600"→单击确定→单击 1 轴线上任意一段，弹出"请输入"对话框→输入偏移距离"－100"→单击确定→单击 3 轴线上任意一段，弹出"请输入"对话框→输入偏移距离"100"→单击确定，这样辅助轴线就画上了，但这时候所画的辅轴没有相交，需要将辅轴延长使其相交，操作步骤如下：

单击"轴线"前面的"▷"号使其展开→单击下一级"辅助轴线"→单击"延伸"按钮→单击 E 轴上方的辅轴作为目的线→单击 1 轴线左侧的辅轴→单击 3 轴线右侧的辅轴→单击右键→单击 1 轴线的辅轴作为目的线→单击与 E 轴平行的辅轴→单击右键结束。

这样辅助轴线就画好了，画好的辅助轴线如图 2-29 所示。

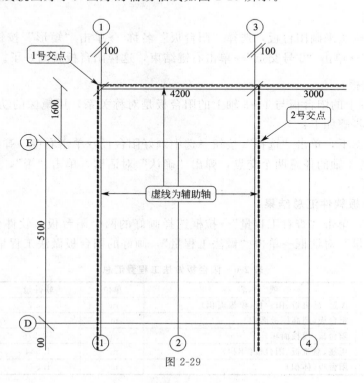

图 2-29

2. 定义阳台板

我们在板里定义阳台板，定义方法同前，定义好的阳台板如图 2-30 所示。

属性名称	属性值	附加
名称	阳台板	
材质	预拌混凝	☐
类别	平板	☐
混凝土类型	（预拌混凝土）	☐
混凝土标号	C30	☐
厚度(mm)	（120）	☐
顶标高(m)	层顶标高	☐
坡度(°)		☐
是否是楼板	是	☐
是否是空心	否	☐
模板类型	复合模扳	☐

	编码	类别	项目名称	项目特征	单位	工程量表达式	表达式说明	措施项
1	⊟ 010505008	项	雨篷、悬挑板、阳台板（体积）	1. C30：	m³	TJ	TJ〈体积〉	☐
2	└ 子目1	补	阳台板（体积）		m³	TJ	TJ〈体积〉	☐
3	⊟ 011702023	项	雨篷、悬挑板、阳台板（模板面积）	1. 普通模板：	m²	MBMJ	MBMJ〈底面模板面积〉+CMBMJ〈侧面模板面积〉	☑
4	└ 子目1	补	阳台板（模板面积）		m²	MBMJ+CMBMJ	MBMJ〈底面模板面积〉+CMBMJ〈侧面模板面积〉	☑
5	└ 子目2	补	阳台板（超高模板面积）		m²	CGMBMJ+CGCMMBMJ	CGMBMJ〈超高模板面积〉+CGCMMBMJ〈超高侧面模板面积〉	☑

图 2-30

3. 画阳台板

用"矩形"画法来画阳台板，选择"阳台板"名称→单击"矩形"按钮→单击图 2-29 中的"1 号交点"→单击"2 号交点"→单击右键结束，这样阳台板就画好了。

4. 镜像阳台板

由于 5~7 轴上的阳台板与 1~3 轴上的阳台板是对称关系，用镜像的功能画 5~7 轴上的阳台板，操作步骤如下：

在画板的状态下，单击"选择"按钮→选中画好阳台板→单击右键，弹出右键菜单→单击"镜像"，单击 4 轴的任意两个交点，弹出"确认"对话框，单击"否"，这样板就镜像好了，如图 2-31 所示。

5. 查看阳台板软件汇总结果

汇总结束后，单击"查看工程量"→拉框选择画好的两个阳台板，软件会自动出现"查看构件图元工程量"对话框→单击"做法工程量"，画好的阳台板做法工程量汇总见表 2-6。

表 2-6　阳台板做法工程量汇总

编　码	项目名称	单位	软件量	手工量
011702023	雨篷、悬挑板、阳台板（模板面积）	m²	13.2	13.2
子目2	阳台板（超高模板面积）	m²	0	0
子目1	阳台板（模板面积）	m²	14.976	14.976
010505008	雨篷、悬挑板、阳台板（体积）	m³	1.584	1.584
子目1	阳台板（体积）	m³	1.584	1.584

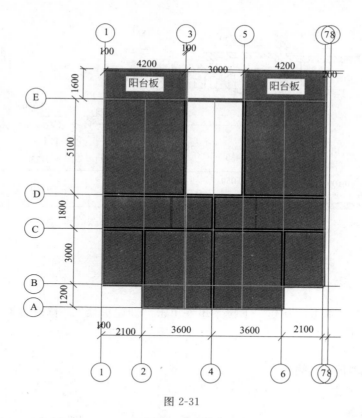

图 2-31

单击"退出"按钮，退出查看构件图元工程量对话框。

第六节 画楼梯

参照结施-12 来画楼梯，楼梯在软件里有三种画法：一是按照投影面积来画；二是按照直楼梯来画；三是按照参数化楼梯来画。第一种情况最简单但不直观，第二种画法可以看到三维但画的时候麻烦，第三种画法软件给的参数化有限，总之各有优缺点。这里介绍最简单的投影面积画法。

一、分析首层楼梯

图 2-32 是从结施-12 中截的首层楼梯图。

从图 2-32 中可以看出，楼梯梁左侧距 D 轴 1230，以楼梯梁左侧线为分界线，分界线左侧为楼层板，楼梯梁右侧为楼梯，需要先在分界线上打一条虚墙。在画虚墙之前需要先打一条辅轴。

二、画辅助轴线

单击"平行"按钮→单击 D 轴上任意一点（非交点），弹出"请输入"对话框→填写偏移值 1230→单击"确定"，这样辅轴就画好了。

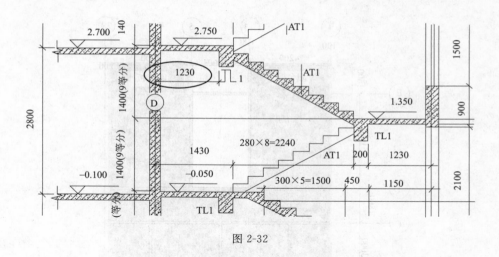

图 2-32

三、定义虚墙

在画墙状态下，单击"新建"下拉菜单→单击"新建虚墙"→修改虚墙的名称及其他属性，如图 2-33 所示。

属性名称	属性值	附加
名称	内虚墙	
类别	虚墙	☐
厚度(mm)	0	☐
轴线距左墙	(0)	☐
内/外墙标	内墙	☐
起点顶标高	层顶标高	☐
终点顶标高	层顶标高	☐
起点底标高	层底标高	☐
终点底标高	层底标高	☐
是否为人防	否	☐

图 2-33

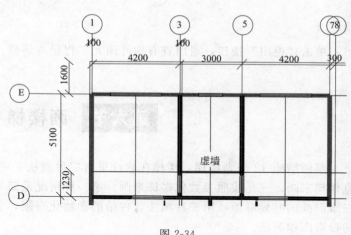

图 2-34

四、画虚墙

在画墙的状态下，选择"虚墙"名称→单击"直线"按钮→单击 3 轴线与 D 上辅轴的交点→单击 5 轴线与 D 上辅轴的交点→单击右键结束。这样虚墙就画好了，如图 2-34 所示。

五、定义楼层平台板

从结施-12 中可以看出，楼层平台板厚度为 100，我们在板里定义楼层平台板，定义好的楼层平台板 B-100 如图 2-35 所示。

属性名称	属性值	附加
名称	B-100	
材质	预拌混凝	☐
类别	平板	☐
混凝土类型	(预拌混凝土)	☐
混凝土标号	C30	☐
厚度(mm)	100	☐
顶标高(m)	层顶标高	☐
坡度(°)		☐
是否是楼板	是	☐
是否是空心	否	☐
模板类型	复合模扳	☐

	编码	类别	项目名称	项目特征	单位	工程里表达	表达式说明	措施项目
1	⊟ 010505003	项	平板(体积)	1. C30	m³	TJ	TJ〈体积〉	☐
2	子目1	补	平板(体积)		m³	TJ	TJ〈体积〉	☐
3	⊟ 011702016	项	平板〈底面模板面积〉	1. 普通模板	m²	MBMJ	MBMJ〈底面模板面积〉	☑
4	子目1	补	平板〈底面模板面积〉		m²	MBMJ	MBMJ〈底面模板面积〉	☑
5	子目2	补	平板〈超高模板面积〉		m²	CGMBMJ	CGMBMJ〈超高模板面积〉	☑

图 2-35

六、定义楼梯投影面积

单击楼梯前面的"▷"将其展开→单击下一级"楼梯"→单击"新建"下拉菜单→单击"新建楼梯"→修改楼梯名称及属性，如图 2-36 所示。

属性名称	属性值	附加
名称	楼梯投影	
材质	预拌混凝	☐
混凝土类型	(预拌混凝土)	☐
混凝土标号	(C20)	☐
模板类型	直形楼梯	☐
建筑面积计	不计算	☐

	编码	类别	项目名称	项目特征	单位	工程里表达	表达式说明	措施项目
1	⊟ 010506001	项	直形楼梯(投影面积)	1. C30:	m²	TYMJ	TYMJ〈水平投影面积〉	☐
2	子目1	补	楼梯投影面积		m²	TYMJ	TYMJ〈水平投影面积〉	☐
3	⊟ 011702024	项	楼梯(投影面积)	1. 普通模板	m²	TYMJ	TYMJ〈水平投影面积〉	☑
4	子目1	补	楼梯(投影面积)		m²	TYMJ	TYMJ〈水平投影面积〉	☑
5	⊟ 011106002	项	块料楼梯面层(投影面积)	1. 防滑地砖	m²	TYMJ	TYMJ〈水平投影面积〉	☐
6	子目1	补	面层装修(投影面积)		m²	TYMJ	TYMJ〈水平投影面积〉	☐
7	⊟ 011301001	项	天棚抹灰(实际面积)	1. 底刮腻子: 2. 外刷涂料	m²	TYMJ*1.14	TYMJ〈水平投影面积〉*1.14	☐
8	子目1	补	楼梯底刮腻子(实际面积)		m²	TYMJ*1.14	TYMJ〈水平投影面积〉*1.14	☐
9	子目2	补	楼梯底刷涂料(实际面积)		m²	TYMJ*1.14	TYMJ〈水平投影面积〉*1.14	☐

图 2-36

思考题（答案请加企业 QQ800014859 索取）：楼梯斜度系数 1.14 是怎么来的？

七、画楼梯投影面积

单击"绘图"按钮进入绘图界面→选择"楼梯投影"名称→单击"点"按钮→单击楼梯间虚墙上方任意一点，这样楼梯就画好了。

八、画楼层平台板

在画现浇板的状态下，选择"B-100"名称→单击"点"按钮→单击楼梯间虚墙下方任意一点，这样楼层平台板就画好了。

画好的楼梯和楼层平台板如图 2-37 所示。

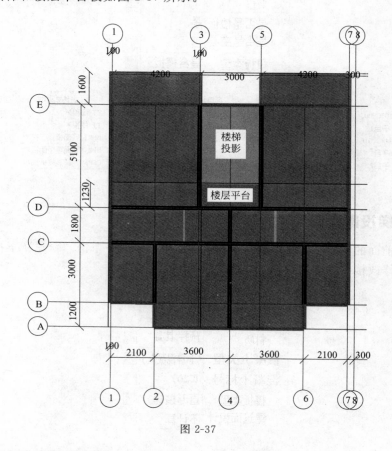

图 2-37

九、删除画阳台和楼梯所用的辅轴

为了图面整洁，这里删除画阳台和画楼梯所用的辅轴，操作步骤如下：

单击轴线前面的"▷"使其展开→单击下一级"辅助轴线"→单击"删除"按钮→按住鼠标从右下往左上拉住所有的辅助轴线→单击右键，这样辅轴就全部删除了。

十、查看楼层平台板软件计算结果

汇总结束后，在画现浇板的状态下，单击"查看工程量"→点选楼层平台板，软件会自动出现"查看构件图元工程量"对话框→单击"做法工程量"，画好的楼层平台板做法工程量汇总见表2-7。

表2-7　楼层平台板做法工程量汇总

编　码	项　目　名　称	单　位	软　件　量	手　工　量
011702016	平板(底面模板面积)	m²	3.164	3.164
子目2	平板(超高模板面积)	m²	0	0
子目1	平板(底面模板面积)	m²	3.164	3.164
010505003	平板(体积)	m³	0.3164	0.3165
子目1	平板(体积)	m³	0.3164	0.3165

单击"退出"按钮,退出查看构件图元工程量对话框。

十一、查看楼梯投影软件计算结果

汇总结束后,在画楼梯的状态下,单击"查看工程量"→点选楼梯投影,软件会自动出现"查看构件图元工程量"对话框→单击"做法工程量",画好的楼梯投影做法工程量汇总见表2-8。

表2-8　楼梯投影做法工程量汇总

编　码	项　目　名　称	单　位	软　件　量	手　工　量
011106002	块料楼梯面层(投影面积)	m²	10.556	10.556
子目1	面层装修(投影面积)	m²	10.556	10.556
011702024	楼梯(投影面积)	m²	10.556	10.556
子目1	楼梯(投影面积)	m²	10.556	10.556
011301001	天棚抹灰(实际面积)	m²	12.0338	12.034
子目1	楼梯底刮腻子(实际面积)	m²	12.0338	12.034
子目2	楼梯底刷涂料(实际面积)	m²	12.0338	12.034
010506001	直形楼梯(投影面积)	m²	10.556	10.556
子目1	楼梯投影面积	m²	10.556	10.556

单击"退出"按钮,退出查看构件图元工程量对话框。

第七节　画台阶

首层台阶的平面位置见建施-04,剖面见建施-13。从图中可以看出,首层台阶长度为3000,宽度为1500,下面首先来定义台阶。

一、定义台阶属性和做法

单击"其他"前面的"▷"号使其展开→单击下一级的"台阶"→单击"新建"下拉菜单→单击"新建台阶"→在"属性编辑框"内改名称为"台阶"→填写台阶的属性和做法,如图2-38所示。

二、画台阶

1. 先打辅轴

从建施-04的台阶详图中可以看出,台阶外边线距离 E 轴线1600,台阶的两个侧边就在

属性名称	属性值	附加
名称	台阶	
材质	预拌混凝	☐
混凝土类型	（预拌混凝土）	☐
混凝土标号	C15	☐
顶标高(m)	层底标高	☐
台阶高度(	300	☐
踏步个数	2	☐
踏步高度(	150	☐

	编码	类别	项目名称	项目特征	单位	工程量表达式	表达式说明	措施项目
1	⊟ 010507004	项	台阶混凝土（投影面积）	1. C15:	m²	MJ	MJ<台阶整体水平投影面积>	☐
2	子目1	补	台阶混凝土（投影面积）		m²	MJ	MJ<台阶整体水平投影面积>	☐
3	子目2	补	台阶水泥砂浆（投影面积）		m²	MJ	MJ<台阶整体水平投影面积>	☐
4	子目2	补	台阶打夯（宽出300面积）		m²	(1.2+0.3+0.3)*(2.4+0.3*2+0.3*2)	6.48	☐
5	⊟ 011702027	项	台阶（投影面积）	1. 普通模板	m²	MJ	MJ<台阶整体水平投影面积>	☑
6	子目1	补	台阶模板（投影面积）		m²	MJ	MJ<台阶整体水平投影面积>	☑

图 2-38

3、5 轴线上，需要打一条距离 E 轴线的辅轴。

单击"平行"按钮→单击 E 轴线非交点段，弹出"请输入"对话框→填写偏移值 1600→单击"确定"，这样辅轴就画好了。

但这时辅轴与 3、5 轴线并无交点，需要延伸让 3、5 轴线与辅轴相交，操作步骤如下：

单击轴线前面的"▷"使其展开→单击"延伸"按钮→单击 E 轴线上的辅轴作为目的线→单击 3 轴线→单击 5 轴线，画好的主辅轴交点如图 2-39 所示。

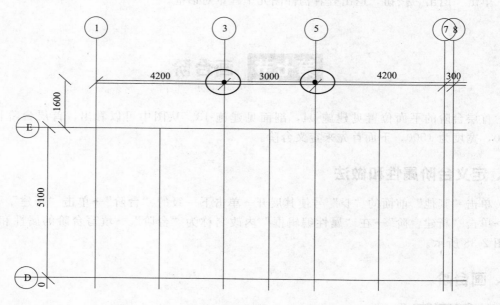

图 2-39

2. 画台阶

下面分三个步骤来画台阶。

（1）画台阶　在画台阶的状态下，选择"台阶"名称→单击"矩形"按钮→单击 3 轴与辅轴的交点→单击 5/E 交点，这样台阶投影面积就画好了。

（2）设置台阶踏步宽　单击"设置台阶踏步边"按钮→分别单击台阶的三个边→单击右键弹出"踏步宽度"对话框→填写踏步宽度 300→单击"确定"，这样台阶踏步边就设置好了。

（3）修改台阶标高　从建施-13 和结施-12 可以看出，台阶顶标高为 -0.9，而软件默认台阶顶标高为 -0.1，将其修改到 -0.9 的位置，操作步骤如下：

在画台阶的状态下，选中画好的台阶→在属性里修改台阶顶标高为"层底标高 -0.8"，如图 2-40 所示。

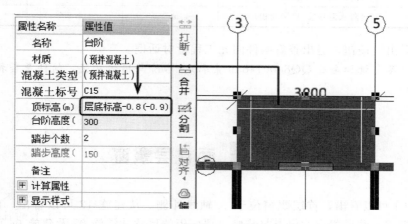

图 2-40

台阶三维图（东北等轴测）如图 2-41 所示。

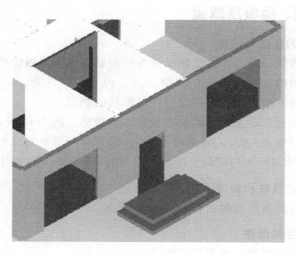

图 2-41

3. 删除画台阶用的所有辅助轴线

为了保持图面整洁，删除画台阶所用的平行于 E 轴之间的辅助轴线，删除方法同前。

三、查看台阶软件计算结果

汇总结束后，在画台阶的状态下，单击"查看工程量"按钮→选中画好的"台阶"→单击做法工程量，首层台阶做法工程量汇总见表 2-9。

表 2-9　台阶做法工程量汇总

编　码	项 目 名 称	单　位	软 件 量	手 工 量
011702027	台阶（投影面积）	m²	4.5	4.5
子目 1	台阶模板（投影面积）	m²	4.5	4.5
010507004	台阶混凝土（投影面积）	m²	4.5	4.5
子目 2	台阶打夯（宽出 300 面积）	m²	6.48	6.48
子目 1	台阶混凝土（投影面积）	m²	4.5	4.5
子目 2	台阶水泥砂浆（投影面积）	m²	4.5	4.5

单击"退出"按钮，退出查看构件图元工程量对话框。

思考题（答案请加企业 QQ800014859 索取）：台阶与墙体相交，软件是否扣减台阶与墙相交的面积？

第八节　画首层飘窗

从建施-04 可以看出，首层飘窗位于 A 轴线外侧。从建施-12 可以看出，飘窗由底板、飘窗、顶板组成，并做相应的保温与装修，顶底板的尺寸从结施-07 及建施-04 可以看出。

首先来定义飘窗的底板、顶板和飘窗。

一、定义飘窗底板、顶板及飘窗

1. 定义飘窗底板的属性和做法

为了让初学者更清楚、明白，这里飘窗没有按照软件里飘窗组合构件来画，而是按照底板、顶板、带形窗来画的。这种画法是麻烦一点，但有两个好处：一是对初学者来说很清楚；二是一旦学会这种方法，今后可以应付任何形状的飘窗。

在板里定义飘窗底板。定义好的飘窗底板属性和做法如图 2-42 所示。

思考题（答案请到企业 QQ800014859 索取）：请解释一下飘窗底板保温面积为什么是 $MBMJ+CMBMJ+(CMBMJ/BH-0.05×4)×0.1$？

2. 定义飘窗顶板的属性和做法

定义好的飘窗顶板的属性和做法，如图 2-43 所示。

3. 定义飘窗的属性和做法

在"带形窗"里定义飘窗，操作步骤如下：

单击"门窗洞"前面的"▷"号使其展开→单击下一级"带形窗"→单击"新建"下拉菜单→单击"新建带形窗"→修改带形窗名称为"PC-1"→填写"PC-1"的属性和做法，如图 2-44 所示。

属性名称	属性值	附加
名称	飘窗底板100	
材质	预拌混凝土	☐
类别	平板	☐
混凝土类型	(预拌混凝土)	☐
混凝土标号	C30	☐
厚度(mm)	100	☐
顶标高(m)	层底标高+0.9	☐
坡度(°)		☐
是否是楼板	否	☐
是否是空心	否	☐
模板类型	复合模扳	☐

	编码	类别	项目名称	项目特征	单位	工程量表达式	表达式说明	措施项
1	010505010	项	其他板（体积）	1. C30:	m³	TJ	TJ〈体积〉	☐
2	子目1	补	飘窗底板（体积）		m³	TJ	TJ〈体积〉	☐
3	011702020	项	其他板	1. 普通模板:	m²	MBMJ+CMBMJ	MBMJ〈底面模板面积〉+CMBMJ〈侧面模板面积〉	☑
4	子目1	补	飘窗底板（模板面积）		m²	MBMJ+CMBMJ	MBMJ〈底面模板面积〉+CMBMJ〈侧面模板面积〉	☑
5	子目2	补	飘窗底板（超高模板面积）		m²	CGMBMJ+CGCMMBMJ	CGMBMJ〈超高模板面积〉+CGCMMBMJ〈超高侧面模板面积〉	☑
6	011001003	项	保温隔热墙面（面积）	1. 50厚聚苯板:	m²	MBMJ+CMBMJ+(CNBMJ/BH-0.05*4)	MBMJ〈底面模板面积〉+CMBMJ〈侧面模板面积〉/BH〈板厚〉-0.05*4)*0.1	☐
7	子目1	补	飘窗底板保温（面积）		m²	MBMJ+CMBMJ+(CNBMJ/BH-0.05*4)	MBMJ〈底面模板面积〉+CMBMJ〈侧面模板面积〉/BH〈板厚〉-0.05*4)*0.1	☐
8	011201002	项	墙面装饰抹灰	1. 1:3水泥砂浆底，涂料面:	m²	MBMJ+CMBMJ+(CNBMJ/BH-0.05*4)	MBMJ〈底面模板面积〉+CMBMJ〈侧面模板面积〉/BH〈板厚〉-0.05*4)*0.1	☐
9	子目1	补	1:3水泥砂浆打底		m²	MBMJ+CMBMJ+(CNBMJ/BH-0.05*4)	MBMJ〈底面模板面积〉+(CMBMJ〈侧面模板面积〉/BH〈板厚〉-0.05*4)*0.1	☐
10	子目2	补	涂料面层		m²	MBMJ+CMBMJ+(CNBMJ/BH-0.05*4)	MBMJ〈底面模板面积〉+(CMBMJ〈侧面模板面积〉/BH〈板厚〉-0.05*4)*0.1	☐

图 2-42

注：计算飘窗底板保温时，都取飘窗板的底面、侧面和顶面的结构尺寸，相当于保温层厚度为 0，计算装修时，也取飘窗板的底面、侧面和顶面的结构尺寸。

二、画飘窗底板、顶板及飘窗

1. 画飘窗底板

从建施-04 的飘窗详图以看出，飘窗底板长度为 2800，左右两边距离 2、4 轴线为 400，飘窗外边距离轴线 A 距离为 700，飘窗底板另一边要和外墙皮齐，在画飘窗底板之前需要打 3 条辅助轴线，并延伸使其相交，如图 2-45 所示。

用"矩形"画法画飘窗的底板，在画板状态下，选择"飘窗底板 100"名称 → 单击"矩形"按钮 → 单击图 2-45 中的"1 号交点" → 单击"2 号交点" → 单击右键结束，这样飘窗底板就画好了，如图 2-46 所示。

2. 画飘窗顶板

从建施-12 及结施-07 可以看出，飘窗顶板顶标高为 2.4m。在定义飘窗顶板时，已经将

属性名称	属性值	附加
名称	飘窗顶板100	
材质	预拌混凝土	☐
类别	平板	☐
混凝土类型	(预拌混凝土)	☐
混凝土标号	C30	☐
厚度(mm)	100	☐
顶标高(m)	层顶标高-0.3	☐
坡度(°)		☐
是否是楼板	是	
是否是空心	否	☐
模板类型	复合模板	☐

	编码	类别	项目名称	项目特征	单位	工程量表达式	表达式说明	措施项目
1	⊟ 010505010	项	其他板（体积）	1. C30:	m³	TJ	TJ<体积>	☐
2	├ 子目1	补	飘窗顶板（体积）		m³	TJ	TJ<体积>	☐
3	⊟ 011702020	项	其他板	1.普通模板:	m²	MBMJ+CMBMJ	MBMJ<底面模板面积>+CMBMJ<侧面模板面积>	☑
4	├ 子目1	补	飘窗顶板（模板面积）		m²	MBMJ+CMBMJ	MBMJ<底面模板面积>+CMBMJ<侧面模板面积>	☑
5	├ 子目2	补	飘窗顶板（超高模板面积）		m²	CGMBMJ+CGCMMBMJ	CGMBMJ<超高模板面积>+CGCMMBMJ<超高侧模板面积>	☑
6	⊟ 011001003	项	保温隔热墙面（面积）	1. 50厚聚苯板	m²	MBMJ+CMBMJ+（CMBMJ/BH-0.05*4)*0.1	MBMJ<底面模板面积>+CMBMJ<侧面模板面积>+（CMBMJ<侧面模板面积>/BH<板厚>-0.05*4)*0.1	☐
7	├ 子目1	补	飘窗顶板保温（面积）		m²	MBMJ+CMBMJ+（CMBMJ/BH-0.05*4)*0.1	MBMJ<底面模板面积>+CMBMJ<侧面模板面积>+（CMBMJ<侧面模板面积>/BH<板厚>-0.05*4)*0.1	☐
8	⊟ 010902003	项	屋面刚性层（面积）	1. 防水砂浆	m²	MBMJ+CMBMJ+（CMBMJ/BH-0.05*4)*0.1	MBMJ<底面模板面积>+CMBMJ<侧面模板面积>+（CMBMJ<侧面模板面积>/BH<板厚>-0.05*4)*0.1	☐
9	├ 子目1	补	防水砂浆（面积）		m²	MBMJ+CMBMJ+（CMBMJ/BH-0.05*4)*0.1	MBMJ<底面模板面积>+CMBMJ<侧面模板面积>+（CMBMJ<侧面模板面积>/BH<板厚>-0.05*4)*0.1	☐
10	⊟ 011201002	项	墙面装饰抹灰	1. 喷涂料	m²	CMBMJ+（CMBMJ/BH-0.05*4)*0.1	CMBMJ<侧面模板面积>+（CMBMJ<侧面模板面积>/BH<板厚>-0.05*4)*0.1	☐
11	├ 子目1	补	防水砂浆上喷涂料		m²	CMBMJ+（CMBMJ/BH-0.05*4)*0.1	CMBMJ<侧面模板面积>+（CMBMJ<侧面模板面积>/BH<板厚>-0.05*4)*0.1	☐

图 2-43

属性名称	属性值	附加
名称	PC-1	
框厚(mm)	50	☐
起点顶标高	层顶标高-0.4	☐
起点底标高	层底标高+0.9	☐
终点顶标高	层顶标高-0.4	☐
终点底标高	层底标高+0.9	☐
轴线距左边	(25)	☐
是否随墙变	是	☐

	编码	类别	项目名称	项目特征	单位	工程量表达式	表达式说明	措施项目
1	⊟ 010807001	项	金属（塑钢、断桥）窗	1. 塑钢窗:	m²	DKMJ	DKMJ<洞口面积>	☐
2	├ 子目1	补	制作		m²	DKMJ	DKMJ<洞口面积>	☐
3	├ 子目2	补	运输		m²	DKMJ	DKMJ<洞口面积>	☐
4	├ 子目3	补	后塞口		m²	DKMJ	DKMJ<洞口面积>	☐

图 2-44

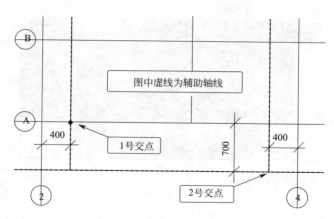

图 2-45

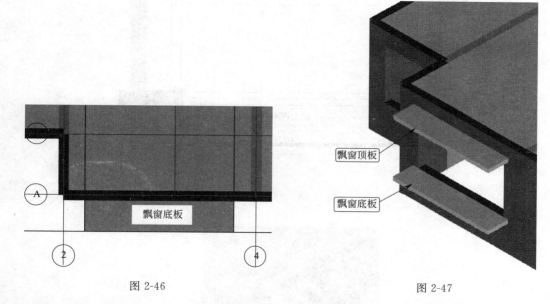

图 2-46   图 2-47

飘窗顶板顶标高修改到"层顶标高−0.3",所以用画飘窗底板的方法直接画飘窗顶板就可以了,其三维图(东南等轴测)如图 2-47 所示。

3. 画首层飘窗

从建施-04 的飘窗详图可以看出,飘窗中心线距离飘窗板边线为 125,要画飘窗需要再打三条辅轴,这三条辅轴距离飘窗板外边线为 125,打好的三条辅轴如图 2-48 所示。

4. 画飘窗

在画带形窗的状态下,选择"PC−1"名称→单击"直线"按钮→单击图 2-48 所示的 1 号交点→单击 2 号交点→单击 3 号交点→单击 4 号交点→单击右键结束。画好的带形窗如图 2-49 所示。

画好的飘窗三维东南等轴测图如图 2-50 所示。

5. 镜像画好的飘窗底板、顶板、飘窗到对称位置

这时 2~4 轴线位置的飘窗构件就全部画好了,需要将这些构件镜像到 4~6 轴线的对称

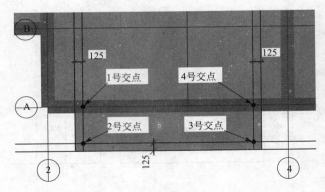

图 2-48

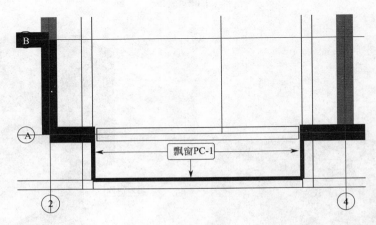

图 2-49

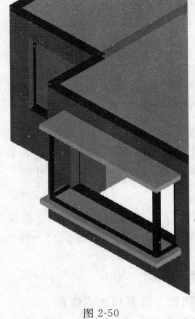

图 2-50

位置，操作步骤如下：

在画带形窗状态下，在英文状态下敲键盘"B"使板显示出来 →单击"选择"按钮→单击"批量选择"按钮，弹出"批量选择构件图元"对话框→勾选现浇板下的"飘窗底板100"和"飘窗顶板100"→勾选带形窗下的"PC-1"，如图 2-51 所示。

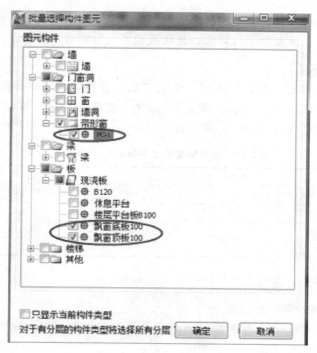

图 2-51

单击"确定"→单击右键弹出右键菜单→单击"镜像"→单击 4 轴上的任意两点，弹出"确认"对话框→单击"否"。这样 2～4 轴线位置的飘窗构件就镜像到了 4～6 轴线位置。镜像好的飘窗如图 2-52 所示（东南等轴测图）。

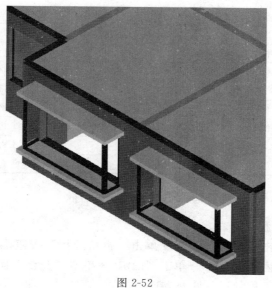

图 2-52

6. 删除画飘窗所用的辅轴

为了保持图面整洁，删除画飘窗所用的辅轴。

三、查看飘窗软件计算结果

因为这里的飘窗分别是在板里和飘窗里画的，这里需要分别到板里和飘窗里来查看工程量。又因为飘窗底板、顶板的子目较多，分底板和顶板分别查量。

1. 查看飘窗工程量

等汇总结束后，单击"选择"按钮→单击"批量选择"按钮，弹出"批量选择构件图元"对话框→勾选"PC－1"→单击"确定"→单击"查看工程量"按钮→单击做法工程量，首层飘窗的工程量汇总（带形窗）见表 2-10。

表 2-10　首层飘窗的工程量汇总（带形窗）

编　码	项 目 名 称	单 位	软件量	手 工 量
010807001	金属（塑钢、断桥）窗	m²	10.5	10.5
子目 1	后塞口	m²	10.5	10.5
子目 2	运输	m²	10.5	10.5
子目 3	制作	m²	10.5	10.5

单击"退出"按钮，退出查看构件图元工程量对话框。

2. 查看飘窗底板软件计算结果

在画板状态下，单击"选择"按钮→单击"批量选择"按钮，弹出"批量选择构件图元"对话框→勾选"飘窗底板 100"→单击"确定"→单击"查看工程量"按钮→单击做法工程量，飘窗底板的工程量汇总见表 2-11。

表 2-11　飘窗底板的工程量汇总

编　码	项 目 名 称	单 位	软件量	手 工 量
011001003	保温隔热墙面（面积）	m²	4.92	4.92
子目 1	飘窗底板保温（面积）	m²	4.92	4.92
011702020	其他板	m²	4.16	4.16
子目 1	飘窗底板（超高模板面积）	m²	0	0
子目 2	飘窗底板（模板面积）	m²	4.16	4.16
010505010	其他板（体积）	m³	0.336	0.336
子目 1	飘窗底板（体积）	m³	0.336	0.336
011201002	墙面装饰抹灰	m²	4.92	4.92
子目 1	1∶3 水泥砂浆打底	m²	4.92	4.92
子目 2	涂料面层	m²	4.92	4.92

单击"退出"按钮，退出查看构件图元工程量对话框。

3. 查看飘窗顶板工程量

在画板状态下，单击"选择"按钮→单击"批量选择"按钮，弹出"批量选择构件图元"对话框→勾选"飘窗顶板 100"→单击"确定"→单击"查看工程量"按钮→单击做法工程量，首层飘窗顶板的工程量汇总见表 2-12。

表 2-12 首层飘窗顶板的工程量汇总

编 码	项 目 名 称	单 位	软 件 量	手 工 量
011001003	保温隔热墙面(面积)	m²	4.92	4.92
子目1	飘窗顶板保温(面积)	m²	4.92	4.92
011702020	其他板	m²	4.16	4.16
子目2	飘窗顶板(超高模板面积)	m²	0	0
子目1	飘窗顶板(模板面积)	m²	4.16	4.16
010505010	其他板(体积)	m³	0.336	0.336
子目1	飘窗顶板(体积)	m³	0.336	0.336
011201002	墙面装饰抹灰	m²	1.56	1.56
子目1	防水砂浆上喷涂料	m²	1.56	1.56
010902003	屋面刚性层(面积)	m²	4.92	4.92
子目1	防水砂浆(面积)	m²	4.92	4.92

单击"退出"按钮,退出查看构件图元工程量对话框。

第九节 画首层阳台

首层阳台板从结构上来说属于地下一层板,在画地下一层板的时候再画。这里只画首层阳台栏板和阳台窗,首先来定义首层的阳台栏板及阳台窗。

一、定义首层阳台构件的属性和做法

1. 定义阳台栏板的属性和做法

从结施-07的阳台详图可以看出阳台栏高度为900,厚度为100,定义阳台栏板的操作步骤如下:

单击"其他"前面的"▷"号使其展开→单击下一级的"栏板"→单击"新建"下拉菜单→单击"新建矩形栏板"→修改栏板名称为"LB100×900"→填写LB100×900的属性和做法,如图2-53所示。

属性名称	属性值	附加
名称	LB100×900	
材质	预拌混凝土	☐
混凝土类型	(预拌混凝土)	☐
混凝土标号	C30	☐
截面宽度	100	☐
截面高度	900	☐
截面面积	0.09	
起点底标高	层底标高	☐
终点底标高	层底标高	☐
轴线距左边	(50)	☐

	编码	类别	项目名称	项目特征	单位	工程量表达式	表达式说明	措施项目
1	⊟ 010505006	项	栏板(体积)	1. C30;	m³	TJ	TJ<体积>	☐
2	子目1	补	阳台栏板(体积)		m³	TJ	TJ<体积>	☐
3	⊟ 011702021	项	栏板(模板面积)	1. 普通模板;	m²	MBMJ	MBMJ<模板面积>	☑
4	子目1	补	阳台栏板(模板面积)		m²	MBMJ	MBMJ<模板面积>	☑

图 2-53

2. 定义阳台窗的属性和做法

从建施-12 剖面图可以看出，首层阳台窗高为 1780，底标高为"层底结构标高＋0.9"（建施-12 是建筑标高，要将其换算成结构标高，因为前面设置首层地面标高为－0.1 是结构标高，每层建筑结构之差都按 0.1m 计），阳台窗顶标高为"层顶标高－0.12"，下面开始定义阳台窗。

单击"门窗洞"前面的"▷"号使其展开→单击下一级"带形窗"→单击"新建"下拉菜单→单击"新建带形窗"→修改带形窗名称为"阳台窗"→填写"阳台窗"的属性和做法，如图 2-54 所示。

属性名称	属性值	附加
名称	阳台窗	
框厚(mm)	0	☐
起点顶标高	层顶标高-0.12	☐
起点底标高	层底标高+0.9	☐
终点顶标高	层顶标高-0.12	☐
终点底标高	层底标高+0.9	☐
轴线距左边	(0)	☐
是否随墙变	是	☐

	编码	类别	项目名称	项目特征	单位	工程量表达式	表达式说明	措施项目
1	⊟ 010807001	项	金属〈塑钢、断桥〉窗	1. 塑钢窗:	m²	DKMJ	DKMJ〈洞口面积〉	☐
2	子目1	补	制作		m²	DKMJ	DKMJ〈洞口面积〉	☐
3	子目2	补	运输		m²	DKMJ	DKMJ〈洞口面积〉	☐
4	子目3	补	后塞口		m²	DKMJ	DKMJ〈洞口面积〉	☐

图 2-54

二、画阳台构件

1. 画阳台窗下栏板

画阳台栏板必须先打辅轴，找到栏板的中心线位置，但是在打辅轴之前需要首先修剪两条轴线。

（1）修剪轴线　由于画台阶时已将 3、5 轴线延伸了，现在画栏板如果不修剪，距离栏板中心线太近，容易画错，所以需要先将其修剪掉，操作步骤如下：

单击"轴线"前面的"▷"号使其展开→单击"辅助轴线"→单击"修剪轴线"按钮→选中 3 轴线靠近 E 轴交点处，软件会自动出现一个"×"号，如图 2-55 所示。

这个"×"号就是修剪的断点→单击"×"号上部分轴线，这样 3 轴线就修剪好了，我们用同样的方式修剪 5 轴线。

（2）画辅助轴线　从建施-04 可以看出，阳台左栏板中心线距离 1 轴线 50，阳台右栏板中心线距离 3 轴线 50，阳台前栏板中心线距离 E 轴线 1550，下面先打这三条辅轴，打好的辅轴如图 2-56 所示。

（3）画阳台下栏板　在画栏板状态下，选择"LB100×900"名称→单击"直线"按钮→单击图 2-56 中的 1 号交点→单击 2 号交点→单击 3 号交点→单击 4 号交点→单击右键结束，这样阳台的下栏板就画好了。如图 2-57 所示。

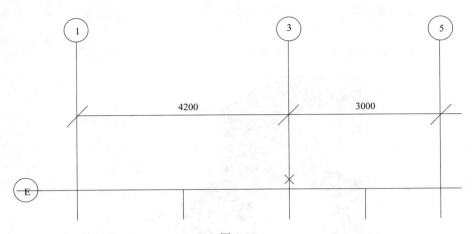

图 2-55

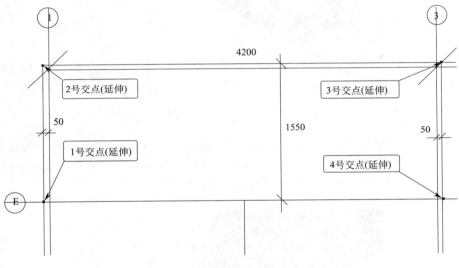

图 2-56

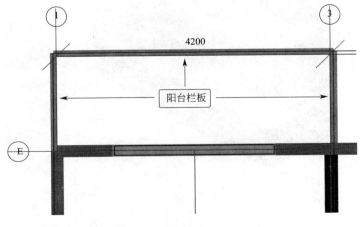

图 2-57

思考题（答案请加企业 QQ800014859 索取）：栏板与墙相交，软件会自动扣除栏板与墙相交的体积吗？

其三维图如图 2-58 所示（东北等轴测）。

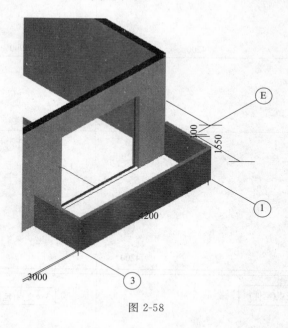

图 2-58

2. 画阳台窗

将图恢复到俯视状态，在画带形窗的状态下，选择"阳台窗"名称→单击"直线"按钮→单击图 2-56 中的 1 号交点→单击 2 号交点→单击 3 号交点→单击 4 号交点→单击右键结束，这样阳台窗就画好了。其三维图如图 2-59 所示（东北等轴测）。

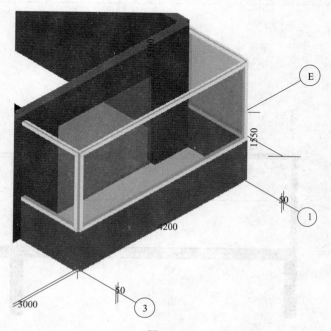

图 2-59

3. 镜像 1～3 轴阳台构件到 5～7 轴位置

到此为止 1～3 轴的阳台构件就画好了，要将其镜像到 5～7 位置，操作步骤如下：

将图形恢复到"俯视"状态，单击"选择"按钮→单击"批量选择"按钮，弹出"批量选择构件图元"对话框→将"带形窗"及"栏板"展开→勾选"阳台窗"、"LB100×900"、单击"确定"→单击右键，弹出右键菜单→单击"镜像"→单击 4 轴上任意两点，弹出"确认"对话框→单击"否"。这样 1～3 轴的阳台构件就镜像到 5～7 轴线了，如图 2-60 所示。

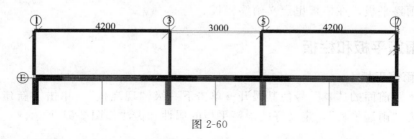

图 2-60

4. 删除画阳台所用的辅轴

为了保持图面整洁，删除画阳台所用的辅轴。

三、查看阳台构件软件计算结果

因为阳台是分别在栏板和带形窗里画的，这里也分两处来查工程量。

1. 查看阳台栏板软件计算结果

汇总计算后，在画栏板状态下，单击"选择"按钮→单击"批量选择"按钮，弹出"批量选择构件图元"对话框→勾选"LB100×900"→单击"确定"→单击"查看工程量"按钮→单击"做法工程量"，首层阳台栏板工程量汇总见表 2-13。

表 2-13　首层阳台栏板工程量汇总

编　码	项 目 名 称	单　位	软 件 量	手 工 量	备　注
011702021	栏板（模板面积）	m²	27.36	25.92	因首层阳台底板未画，软件多算栏板底模
子目 1	阳台栏板（模板面积）	m²	27.36	25.92	
010505006	栏板（体积）	m³	1.296	1.296	（4.3＋1.45×2）×0.1×
子目 1	阳台栏板（体积）	m³	1.296	1.296	2＝1.44m²

单击"退出"按钮，退出查看构件图元工程量对话框。

2. 查看阳台窗软件计算结果

在画带形窗状态下，单击"选择"按钮→单击"批量选择"按钮，弹出"批量选择构件图元"对话框→勾选"阳台窗"→单击"确定"→单击"查看工程量"按钮→单击"做法工程量"，首层阳台窗工程量汇总见表 2-14。

表 2-14　首层阳台窗工程量汇总

编　码	项 目 名 称	单　位	软 件 量	手 工 量
010807001	金属（塑钢、断桥）窗	m²	25.632	25.632
子目 3	后塞口	m²	25.632	25.632
子目 2	运输	m²	25.632	25.632
子目 1	制作	m²	25.632	25.632

单击"退出"按钮，退出查看构件图元工程量对话框。

第十节　画雨篷

从建施-05可以看到雨篷的平面图，从结施-12可以看到雨篷的剖面图。从图中可以看出，雨篷顶标高为1.35m，雨篷平板厚为100，雨篷栏板上翻200，栏板厚度为100。这里在板里定义雨篷平板，在栏板里定义雨篷栏板。

一、定义雨篷平板和栏板

1. 定义雨篷平板

单击"板"前面的"▷"号使其展开→单击下一级"现浇板"→单击"新建"下拉菜单→修改名称为"雨篷平板"，定义好的雨篷平板的属性和做法如图2-61所示。

属性名称	属性值	附加
名称	雨篷平板	
材质	预拌混凝土	☐
类别	平板	☐
混凝土类型	（预拌混凝土）	☐
混凝土标号	（C25）	☐
厚度(mm)	100	☐
顶标高(m)	层顶标高-1.35	☐
坡度(°)		☐
是否是楼板	否	☐
是否是空心	否	☐
模板类型	复合模扳	☐

	编码	类别	项目名称	项目特征	单位	工程量表达式	表达式说明	措施项
1	⊟ 010505008	项	雨篷（体积）	1. C30:	m³	TJ	TJ〈体积〉	☐
2	子目1	补	雨篷平板（体积）		m³	TJ	TJ〈体积〉	☐
3	⊟ 011702023	项	雨篷（底模+侧模）	1. 普通模板:	m²	MBMJ	MBMJ〈底面模板面积〉+CMBMJ〈侧面模板面积〉	☑
4	子目1	补	雨篷平板（底模+侧模）		m²	MBMJ+CMBMJ	MBMJ〈底面模板面积〉+CMBMJ〈侧面模板面积〉	☑

图 2-61

2. 定义雨篷立板

从结施-12可以看出，雨篷立板高为200，在栏板里来定义雨篷的立板，定义好的雨篷立板属性和做法如图2-62所示。

二、画雨篷平板和栏板

1. 打辅轴

在画雨篷之前需要先打几条辅轴轴线，从建施-05可以看出，雨篷平板的左边线在3轴线右侧200、右边线在5轴线左侧200，上边线距离E轴线的距离为1400，需要先打三条辅轴，如图2-63所示。

属性名称	属性值	附加
名称	LB100×200	
材质	预拌混凝土	☐
混凝土类型	（预拌混凝土）	☐
混凝土标号	C30	☐
截面宽度	100	☐
截面高度	200	☐
截面面积	0.02	☐
起点底标高	层顶标高-1.35	☐
终点底标高	层顶标高-1.35	☐
轴线距左边	（50）	☐

	编码	类别	项目名称	项目特征	单位	工程量表达式	表达式说明	措施项目
1	⊟ 010505008	项	雨篷栏板（体积）	1. C30:	m³	TJ	TJ<体积>	☐
2	└ 子目1	补	雨篷栏板（体积）		m³	TJ	TJ<体积>	☐
3	⊟ 011702023	项	雨篷栏板（模板面积）	1. 普通模板:	m²	MBMJ	MBMJ<模板面积>	☑
4	└ 子目1	补	雨篷栏板（模板面积）		m²	MBMJ	MBMJ<模板面积>	☑

图 2-62

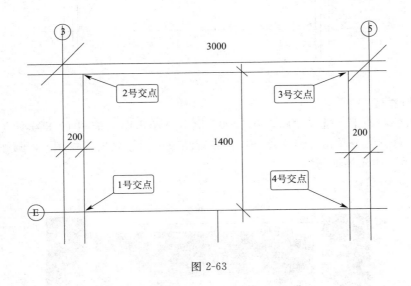

图 2-63

2. 画雨篷平板

在画板状态下，选择"雨篷平板"名称→单击"矩形"按钮→单击图 2-63 中的 1 号交点→单击 4 号交点→单击右键结束，这样雨篷平板就画好了，如图 2-64 所示。

3. 打立板中心线辅轴

画立板要找到立板的中心线，从建施-05 可以看出，立板的中心线距离雨篷板边 50（雨篷板边线为画雨篷时所打辅助轴线），需要再打三条辅轴，并使其相交，画好的辅轴如图 2-65 所示。

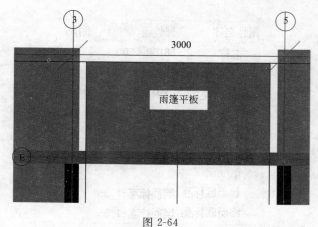

图 2-64

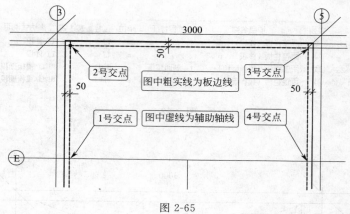

图 2-65

4. 画雨篷立板

在画栏板的状态下，选择"LB100×200"名称→单击图 2-65 中的 1 号交点→单击 2 号交点→单击 3 号交点→单击 4 号交点→单击右键结束。雨篷立板就画好了，画好的雨篷立板如图 2-66 所示（西北等轴测）。

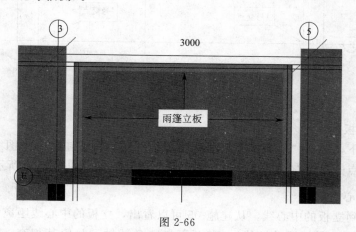

图 2-66

雨篷的三维图（西北等轴测）如图 2-67 所示。

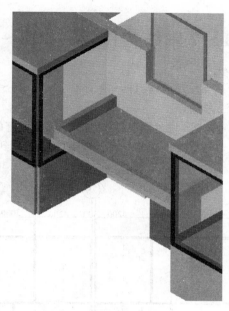

图 2-67

5. 删除画雨篷时所用的辅轴

为了保持图面整洁，删除画雨篷立板所用的辅轴。

三、查看雨篷软件计算结果

将图恢复到"俯视"状态，等汇总结束后，在画板的状态下，单击"选择"按钮→单击"批量选择"按钮，弹出"批量选择构件图元"对话框→勾选"雨篷平板"→单击"确定"→单击"查看工程量"按钮→单击"做法工程量"，雨篷平板工程量见表 2-15。

表 2-15　雨篷平板做法工程量汇总表

编　码	项 目 名 称	单　位	软件量	手 工 量
011702023	雨篷（底模＋侧模）	m²	3.38	3.38
子目 1	雨篷平板（底模＋侧模）	m²	3.9	3.9
010505008	雨篷（体积）	m³	0.338	0.338
子目 1	雨篷平板（体积）	m³	0.338	0.338

单击"退出"按钮，退出查看构件图元工程量对话框。

在画栏板状态下，单击"选择"按钮→单击"批量选择"按钮，弹出"批量选择构件图元"对话框→勾选"LB100×200"→单击"确定"→单击"查看工程量"按钮→单击"做法工程量"，雨篷立板工程量汇总见表 2-16。

表 2-16　雨篷立板工程量汇总表

编　码	项 目 名 称	单　位	软件量	手 工 量
011702023	雨篷栏板（模板面积）	m²	2	2
子目 1	雨篷栏板（模板面积）	m²	2	2
010505008	雨篷栏板（体积）	m³	0.1	0.1
子目 1	雨篷栏板（体积）	m³	0.1	0.1

单击"退出"按钮，退出查看构件图元工程量对话框。

第十一节 将1~7轴线构件复制到8~14轴线位置

前面已经画好了首层1~7轴的所有构件，由于1~7轴与8~14轴既是镜像关系，又是复制关系，下面用复制的方法来操作。

单击"楼层"下拉菜单→单击"块复制"→拉框选择1~7所有的构件→单击1/E交点→单击8/E交点→单击右键结束，这样1~7轴线的所有构件就复制到8~14位置了，如图2-68所示。

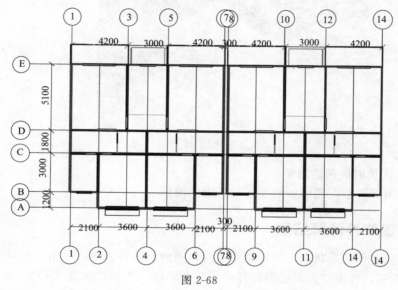

图2-68

思考题：块复制时是否将所有构件都复制过来，不管当前图显示不显示？（是）

第十二节 画散水

从建施-04可以看出，散水宽度为1000；从建施-11散水剖面图可以看出，散水垫层为60厚C15细石混凝土，面层为1:1水泥砂子压实赶光。首先来定义散水的属性和做法。

一、定义散水属性和做法

单击"其他"前面的"▷"使其展开→单击下一级"散水"→单击"新建散水"→在"属性编辑框"内改名称为"散水"→填写散水的属性、做法，如图2-69所示。

思考题（答案请加企业QQ800014859索取）：散水的伸缩缝是怎样计算出来的？

二、画散水

由于散水是围绕建筑物外围的封闭图形，所以在画散水之前必须用虚墙把伸缩缝封闭住。

属性名称	属性值	附加
名称	散水	
材质	预拌混凝	☐
厚度(mm)	60	☐
混凝土类型	(预拌混凝土)	☐
混凝土标号	(C20)	☐
备注		☐

	编码	类别	项目名称	项目特征	单位	工程量表达式	表达式说明	措施项
1	⊟ 010507001	项	散水、坡道(面积)	1. C15; 2. 1:1水泥砂子赶光;	m²	MJ	MJ<面积>	☐
2	子目1	补	散水垫层体积		m³	MJ*0.06	MJ<面积>*0.06	☐
3	子目2	补	散水1:1水泥砂子赶光		m²	MJ	MJ<面积>	☐
4	子目3	补	散水模板面积		m²	MBMJ	MBMJ<模板面积>	☐
5	子目4	补	散水打夯面积1.3宽		m²	(TQCD+0.65*8)*1.3	(TQCD<贴墙长度>+0.65*8)*1.3	☐
6	子目5	补	散水伸缩缝1.414*12+1*4+1*5		m	1.414*12+1*4+1*5	25.968	☐

图 2-69

1. 画外虚墙

首先需要在墙里定义外虚墙，其属性和做法如图 2-70 所示。

属性名称	属性值
名称	外虚墙
类别	虚墙
厚度(mm)	0
轴线距左墙皮	0
内/外墙标志	外墙
起点顶标高(m)	层顶标高
终点顶标高(m)	层顶标高
起点底标高(m)	层底标高
终点底标高(m)	层底标高
是否为人防构	否

图 2-70

接下来画外虚墙，操作步骤如下：

单击"绘图"按钮进入绘图界面→在画外虚墙的状态下，单击"直线"按钮→单击 7/E 交点→单击 8/E 交点→单击右键→单击"直线"按钮→单击 7/B 交点→单击 8/B 交点→单击右键结束，这样外虚墙就画好了。

2. 画散水

在画散水状态下，选择"散水"名称→单击"智能布置"下拉菜单→单击"外墙外边线"，弹出"请输入宽度"对话框→填写散水宽度为"1000"→单击"确定"，散水就布置好了，如图 2-71 所示。

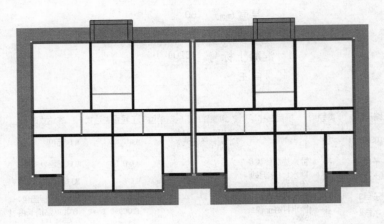

图 2-71

三、查看散水软件计算结果

汇总结束后，选中画好的散水 →单击"查看工程量"按钮→单击做法工程量，首层散水做法工程量汇总见表 2-17。

表 2-17　首层散水做法工程量汇总

编　码	项 目 名 称	单　位	软件量	手工量	备　注
010507001	散水、坡道(面积)	m²	69.6	69.6	
子目 2	散水 1∶1 水泥砂子赶光	m²	69.6	69.6	此处散水模板软件计算有误
子目 4	散水打夯面积 1.3 宽	m²	92.04	92.04	
子目 1	散水垫层体积	m³	4.176	4.176	
子目 3	散水模板面积	m²	8.352	4.416	
子目 5	散水伸缩缝 1.414×12+1×4+1×5	m	25.968	25.968	

单击"退出"按钮，退出查看构件图元工程量对话框。

第十三节　首层墙体工程量手工软件对照表

到此为止，我们已经画完了首层主体的所有构件，墙体该扣减的构件已经绘制完毕，现在可以把首层墙体的工程量与手工核对了。

汇总结束后，单击"查看工程量"按钮→拉框选择所有画好的墙，弹出"查看构件图元工程量"对话框→单击"做法工程量"，首层墙做法工程量汇总见表 2-18。

表2-18　首层墙做法工程量汇总

编　码	项 目 名 称	单　位	软 件 量	手 工 量	备　注
011210005	成品隔断	m²	10.432	10.432	此版本软件计算混凝土墙的模板有误
子目1	条板墙面积	m²	10.432	10.432	
011702011	直形墙（清单模板面积）	m²	813.604	806.3	
子目2	混凝土墙（定额超高模板面积）	m²	0	0	
子目1	混凝土墙（定额模板面积）	m²	813.604	806.3	
010504001	直形墙（清单体积）	m³	82.16	82.16	
子目1	混凝土墙（定额体积）	m³	82.16	82.16	

单击"退出"按钮，退出查看构件图元工程量对话框。

第十四节　室内装修

从建施-04可以看出，首层有楼梯间、客厅、过道、卧室、卫生间及厨房6种房间，每个房间都有地面、踢脚、墙面、天棚。用软件计算室内装修有两种方式。

第一种方式是先计算每个房间的地面，再计算每个房间的踢脚，依次计算墙面和天棚等。

第二种方式是先定义所有的地面、踢脚、墙面、天棚这些分构件，然后按照图纸的要求组合成各个房间，整体计算每个房间的地面、踢脚、墙面和天棚。

无论采用哪种方式，都需要先定义首层的地面、踢脚、墙面和天棚。在这里我们选择第二种方式。

一、定义首层房间分构件的属性和做法

首层房间分构件有地面、踢脚、墙面、天棚、吊顶，下面分别定义。

1. 首层地面的属性和做法

首层一共出现了楼面1、楼面2、楼面3、楼面4、楼面5五种楼地面，从建施-02可以看到这五种楼地面的做法。下面定义首层楼地面的属性和做法，操作步骤如下：

单击"装修"前面的"▷"号使其展开→单击下一级"楼地面"→单击"新建"下拉菜单→单击"新建楼地面"→修改名称为"楼面1"，建立好的楼面1的属性和做法如图2-72所示。

属性名称	属性值	附加
名称	楼面1	
块料厚度(	0	☐
顶标高(m)	层底标高	☐
是否计算防	否	☐

	编码	类别	项目名称	项目特征	单位	工程量表达式	表达式说明	措施项目
1	011102003	项	块料楼地面	1. 防滑地砖参楼1:	m²	KLDMJ	KLDMJ〈块料地面积〉	☐
2	子目1	补	防滑地砖		m²	KLDMJ	KLDMJ〈块料地面积〉	☐

图2-72

用同样的方法建立楼面2、楼面3、楼面4、楼面5的属性和做法，如图2-73～图2-76所示。

属性名称	属性值
名称	楼面2
块料厚度(mm)	0
顶标高(m)	层底标高
是否计算防水	否

	编码	类别	项目名称	项目特征	单位	工程量表达式	表达式说明	措施项目
1	011102003	项	块料楼地面	1. 防滑地砖防水楼面参楼2:	m²	KLDMJ	KLDMJ<块料地面积>	☐
2	子目1	补	防滑地砖楼面		m²	KLDMJ	KLDMJ<块料地面积>	☐
3	子目2	补	1.5厚聚氨酯防水		m²	KLDMJ	KLDMJ<块料地面积>	☐
4	子目3	补	20厚1:3水泥砂浆找平		m²	KLDMJ	KLDMJ<块料地面积>	☐

图 2-73

注：按照2013清单规则要求，011102003是不包含防水项目的，按理应当将防水单列清单项，但太麻烦，在实践中为了简单，就用一个清单项代替，只要在项目特征里描述清楚就可以了。

属性名称	属性值
名称	楼面3
块料厚度(mm)	0
顶标高(m)	层底标高
是否计算防水	否

	编码	类别	项目名称	项目特征	单位	工程量表达	表达式说明	措施项目
1	011102003	项	块料楼地面	1. 地砖楼面参楼3:	m²	KLDMJ	KLDMJ<块料地面积>	☐
2	子目1	补	10厚地砖楼面		m²	KLDMJ	KLDMJ<块料地面积>	☐
3	010501001	项	垫层	1. 40厚陶粒混凝土垫层:	m²	DMJ*0.04	DMJ<地面积>*0.04	☐
4	子目1	补	40厚陶粒混凝土垫层		m²	DMJ*0.04	DMJ<地面积>*0.04	☐

图 2-74

属性名称	属性值
名称	楼面4
块料厚度(mm)	0
顶标高(m)	层底标高
是否计算防水	否

	编码	类别	项目名称	项目特征	单位	工程量表达	表达式说明	措施项目
1	011102003	项	块料楼地面	1. 地砖楼面参楼4:	m²	KLDMJ	KLDMJ<块料地面积>	☐
2	子目1	补	地砖楼面		m²	KLDMJ	KLDMJ<块料地面积>	☐
3	010501001	项	垫层	1. 40厚陶粒混凝土垫层:	m²	DMJ*0.04	DMJ<地面积>*0.04	☐
4	子目1	补	40厚陶粒混凝土垫层		m²	DMJ*0.04	DMJ<地面积>*0.04	☐

图 2-75

属性名称	属性值	附加
名称	楼面5	
块料厚度(	0	☐
顶标高(m)	层底标高	☐
是否计算防	否	☐

	编码	类别	项目名称	项目特征	单位	工程量表达	表达式说明	措施项目
1	⊟ 011102001	项	石材楼地面	1. 花岗石楼面（楼5）:	m²	KLDMJ	KLDMJ<块料地面积>	☐
2	└─ 子目1	补	花岗石楼面		m²	KLDMJ	KLDMJ<块料地面积>	☐
3	⊟ 010501001	项	垫层	1. 40厚陶粒混凝土垫层	m³	DMJ*0.04	DMJ<地面积>*0.04	☐
4	└─ 子目1	补	40厚陶粒混凝土垫层		m³	DMJ*0.04	DMJ<地面积>*0.04	☐

图 2-76

2. 踢脚的属性和做法

首层一共出现了踢脚 2、踢脚 3 两种楼踢脚，从建施-02 可以看到这两种踢脚的具体做法。

单击装修下一级"踢脚"→单击"新建"下拉菜单→单击"新建楼踢脚"→修改名称为"踢脚 2"→建立好的踢脚属性和做法如图 2-77 所示。

属性名称	属性值	附加
名称	踢脚2	
块料厚度(	0	☐
高度(mm)	100	☐
起点底标高	墙底标高	☐
终点底标高	墙底标高	☐

	编码	类别	项目名称	项目特征	单位	工程量表达	表达式说明	措施项目
1	⊟ 011105003	项	块料踢脚线	1. 地砖踢脚（踢2）:	m	TJKLCD	TJKLCD<踢脚块料长度>	☐
2	└─ 子目1	补	5~10厚地砖踢脚		m	TJKLCD	TJKLCD<踢脚块料长度>	☐

图 2-77

踢脚 3 的属性和做法，如图 2-78。

属性名称	属性值	附加
名称	踢脚3	
块料厚度(	0	☐
高度(mm)	100	☐
起点底标高	墙底标高	☐
终点底标高	墙底标高	☐

	编码	类别	项目名称	项目特征	单位	工程量表达	表达式说明	措施项目
1	⊟ 011105002	项	石材踢脚线	1. 花岗石踢脚:	m	TJKLCD	TJKLCD<踢脚块料长度>	☐
2	└─ 子目1	补	花岗石踢脚		m	TJKLCD	TJKLCD<踢脚块料长度>	☐

图 2-78

3. 首层内墙面的属性和做法

首层一共出现了内墙 1、内墙 2、内墙 3 三种做法，从建施-02 可以看到这三种内墙的具体做法。

单击装修下一级"墙面"→单击"新建"下拉菜单→单击"新建内墙面"→修改名称为"内墙 1"→建立好的内墙 1 属性和做法如图 2-79 所示。

属性名称	属性值	附加
名称	内墙面1	☐
所附墙材质	(程序自动判断)	☐
块料厚度(	0	☐
内/外墙面	内墙面	☐
起点顶标高	墙顶标高	☐
终点顶标高	墙顶标高	☐
起点底标高	墙底标高	☐
终点底标高	墙底标高	☐

	编码	类别	项目名称	项目特征	单位	工程量表达	表达式说明	措施项目
1	011201002	项	墙面装饰抹灰	1. 涂料墙面(内墙1):	m²	QMMHMJ	QMMHMJ<墙面抹灰面积>	☐
2	子目1	补	9厚1:3水泥砂浆打底扫毛		m²	QMMHMJ	QMMHMJ<墙面抹灰面积>	☐
3	子目2	补	喷水性耐擦洗涂料		m²	QMKLMJ	QMKLMJ<墙面块料面积>	☐

图 2-79

建立好的内墙面 2 的属性和做法如图 2-80 所示。

属性名称	属性值	附加
名称	内墙面2	☐
所附墙材质	(程序自动判断)	☐
块料厚度(	0	☐
内/外墙面	内墙面	☐
起点顶标高	墙顶标高	☐
终点顶标高	墙顶标高	☐
起点底标高	墙底标高	☐
终点底标高	墙底标高	☐

	编码	类别	项目名称	项目特征	单位	工程量表达	表达式说明	措施项目
1	011204003	项	块料墙面	1. 瓷砖墙面(内墙2):	m²	QMKLMJ	QMKLMJ<墙面块料面积>	☐
2	子目1	补	6厚1:2.5水泥砂浆抹平		m²	QMMHMJ	QMMHMJ<墙面抹灰面积>	☐
3	子目2	补	1.5厚聚氨酯防水		m²	QMMHMJ	QMMHMJ<墙面抹灰面积>	☐
4	子目3	补	5厚釉面砖面层		m²	QMKLMJ	QMKLMJ<墙面块料面积>	☐

图 2-80

建立好的内墙面 3 的属性和做法如图 2-81 所示。

属性名称	属性值	附加
名称	内墙面3	
所附墙材质	(程序自动判断)	☐
块料厚度(	0	☐
内/外墙面	内墙面	☐
起点顶标高	墙顶标高	☐
终点顶标高	墙顶标高	☐
起点底标高	墙底标高	☐
终点底标高	墙底标高	☐

	编码	类别	项目名称	项目特征	单位	工程量表达	表达式说明	措施项目
1	⊟ 011204003	项	块料墙面	1. 瓷砖墙面（内墙3）：	m2	QMKLMJ	QMKLMJ<墙面块料面积>	☐
2	子目1	补	6厚1：2.5水泥砂浆抹平		m2	QMMHMJ	QMMHMJ<墙面抹灰面积>	☐
3	子目2	补	5厚釉面砖面层		m2	QMKLMJ	QMKLMJ<墙面块料面积>	☐

图 2-81

4. 天棚吊顶的属性和做法

从建施-01 的装修做法表可以看出，首层出现一个棚 1 做法和吊顶 1 做法，下面分别定义。

（1）首层天棚 1 属性和做法　单击"天棚"→单击"新建"下拉菜单→单击"新建天棚"→修改名称为"棚 1"→建立好的天棚 1 的属性和做法如图 2-82 所示。

属性名称	属性值	附加
名称	棚1	

	编码	类别	项目名称	项目特征	单位	工程量表达	表达式说明	措施项目
1	⊟ 011301001	项	天棚抹灰	1. 板底喷涂顶棚（棚1）：	m2	TPMHMJ	TPMHMJ<天棚抹灰面积>	☐
2	子目1	补	刮耐水腻子		m2	TPMHMJ	TPMHMJ<天棚抹灰面积>	☐
3	子目2	补	刷耐擦洗涂料		m2	TPMHMJ	TPMHMJ<天棚抹灰面积>	☐

图 2-82

（2）首层吊顶属性和做法　单击"吊顶"→单击"新建"下拉菜单→单击"新建吊顶"→修改名称为"吊顶"→建立好的吊顶属性和做法如图 2-83 所示。

二、首层房间组合

从建施-01 室内装修做法表可以看出，首层要组合的房间有楼梯间、卫生间、厨房、过道卧室、客厅 5 个房间，其中楼梯间要分成楼梯平台部分和楼梯部分两个房间，总共需要组

属性名称	属性值	附加
名称	吊顶1	
离地高度(mm)	2500	☐

	编码	类别	项目名称	项目特征	单位	工程量表达	表达式说明	措施项目
1	⊟ 011302001	项	吊顶天棚	1. 铝合金条板 吊顶(吊顶1):	m²	DDMJ	DDMJ<吊顶面积>	☐
2	子目1	补	0.8~1.0铝合金条板		m²	DDMJ	DDMJ<吊顶面积>	☐
3	子目2	补	U型轻钢龙骨		m²	DDMJ	DDMJ<吊顶面积>	☐

图 2-83

合 6 个房间。

1. 组合"楼梯间（平台位置）"房间

单击装修下一级"房间"→单击"新建"下拉菜单→单击"新建房间"→修改名称为"楼梯间（平台位置）"→（这时如果在绘图界面请单击"定义"进入做法界面，如果就在做法界面省略此操作）→单击"构件类型"下的"楼地面"→单击"添加依附构件"，软件默认构件名称为"楼面 1"与图纸要求一致不再改动→单击"构件类型"下的"踢脚"→单击"添加依附构件"，软件默认构件名称为"踢脚 2"与图纸要求一致不再改动→单击"构件类型"下的"墙面"→单击"添加依附构件"，软件默认构件名称为"内墙面 1"与图纸要求一致不再改动→单击"构件类型"下的"天棚"→单击"添加依附构件"，软件默认构件名称为天棚 1 与图纸要求一致不再改动，这样楼梯间（平台位置）的房间就组合好了，组合好的楼梯间如图 2-84 所示。

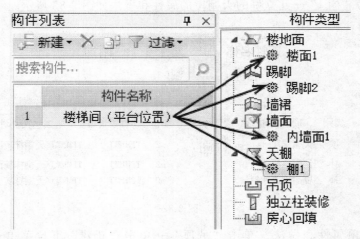

图 2-84

2. 组合"楼梯间（楼梯位置）"房间

用同样的方法建立楼梯间（楼梯位置），楼梯位置没有地面、没有踢脚、没有天棚，只有墙面 1（此处不考虑楼梯踏步对房间装修的影响，相当于没有楼梯）。

组合好的楼梯间（楼梯位置）房间如图 2-85 所示。

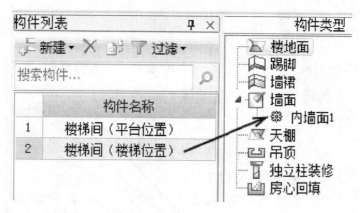

图 2-85

3. 组合"卫生间"房间

用同样的方法组合卫生间的房间，如图 2-86 所示。

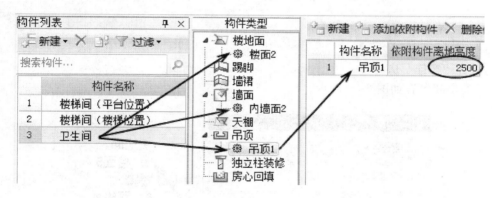

图 2-86

注：这里要特别注意吊顶高度为 2500，否则墙面做法就会算错。

4. 组合"厨房"房间

厨房的房间组合如图 2-87 所示。

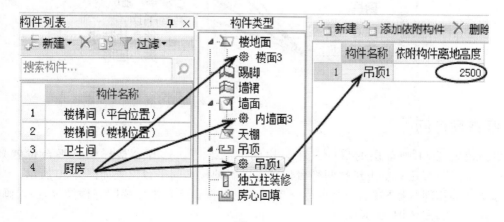

图 2-87

5. 组合"过道卧室"房间

过道卧室的房间组合如图 2-88 所示。

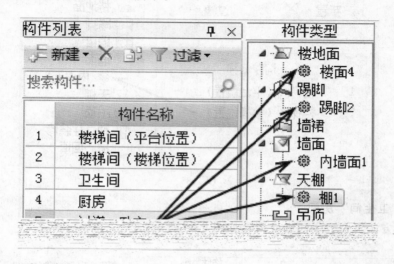

图 2-88

6. 组合"客厅"房间

客厅的房间组合如图 2-89 所示。

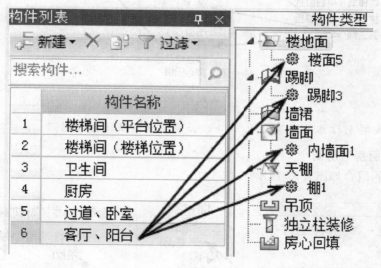

图 2-89

三、画首层房间

根据建施-04 来画首层的房间。在画房间的状态下，选择"楼梯间（平台位置）"名称→单击"点"按钮→单击楼梯间平台位置，画好的楼梯间平台位置如图 2-90 所示。

选择"楼梯间（楼梯位置）"名称→单击"点"按钮→单击楼梯间（楼梯位置），画好楼梯间楼梯位置如图 2-91 所示。

这样楼梯间就装修好了。

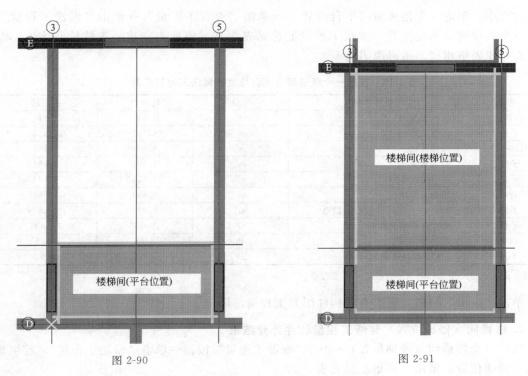

图 2-90　　　　　　　　　　　　　　图 2-91

用同样的方法点其他房间，装修好的房间如图 2-92 所示。

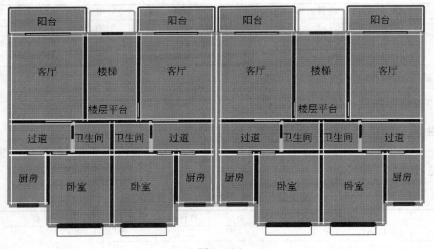

图 2-92

注：这里的阳台由于与客厅相连，所有阳台的装修也用客厅来做。

四、查看首层房间软件计算结果

地下一层有很多房间，按照建施-04 的房间名称一个一个来看，先来看楼梯间装修的答案。

1. 楼梯间（平台位置）装修工程量软件计算结果

汇总结束后，在画房间的状态下，单击"选择"按钮，结束原来所有操作→把图调整到合适的大小，单击一个楼梯间（平台位置）→单击"查看工程量"→单击"做法工程量"，首层一个楼梯间（平台位置）做法工程量汇总见表 2-19（将此表变成手工软件对比表，以后所有对比表格相同，不再说明）。

表 2-19　首层一个楼梯间（平台位置）做法工程量汇总

编码	项目名称	单位	软件量	手工量
011102003	块料楼地面	m²	3.344	3.344
子目 1	防滑地砖	m²	3.344	3.344
011301001	天棚抹灰	m²	3.164	3.164
子目 1	刮耐水腻子	m²	3.164	3.164
子目 2	刷耐擦洗涂料	m²	3.164	3.164
011201002	墙面装饰抹灰	m²	9.882	9.882
子目 1	9 厚 1∶3 水泥砂浆打底扫毛	m²	9.882	9.882
子目 2	喷水性耐擦洗涂料	m²	10.536	10.536
011105003	块料踢脚线	m	3.66	3.66
子目 1	5～10 厚地砖踢脚	m	3.66	3.66

注：此处只是一个楼梯间（平台位置）的工程量。

单击"退出"按钮，退出查看构件图元工程量对话框。

2. 楼梯间（楼梯位置）装修工程量软件计算结果

选中一个楼梯间（楼梯位置）→单击"查看工程量"按钮→单击"做法工程量"，首层楼梯间（楼梯位置）做法工程量汇总见表 2-20。

表 2-20　首层楼梯间（楼梯位置）做法工程量汇总

编码	项目名称	单位	软件量	手工量
011201002	墙面装饰抹灰	m²	26.672	26.672
子目 1	9 厚 1∶3 水泥砂浆打底扫毛	m²	26.672	26.672
子目 2	喷水性耐擦洗涂料	m²	27.292	27.292

注：此处只是一个楼梯间（楼梯位置）的工程量。

单击"退出"按钮，退出查看构件图元工程量对话框。

3. 卫生间装修工程量软件计算结果

选中一个卫生间→单击"查看工程量"按钮→单击"做法工程量"，首层卫生间做法工程量汇总见表 2-21。

表 2-21　首层卫生间做法工程量汇总

编码	项目名称	单位	软件量	手工量	备　　注
011102003	块料楼地面	m²	3.32	3.32	
子目 2	1.5 厚聚氨酯防水	m²	3.32	3.32	
子目 3	20 厚 1∶3 水泥砂浆找平	m²	3.32	3.32	
子目 1	防滑地砖楼面	m²	3.32	3.32	
011302001	吊顶天棚	m²	3.28	3.28	手工计算吊顶定额工程量用的是
子目 1	0.8～1.0 铝合金条板	m²	3.28	3.28	2.5m+0.2m 高度，而软件用的是
子目 2	U 型轻钢龙骨	m²	3.28	3.28	2.5m+0.18m 高度。手工走的是
011204003	块料墙面	m²	16.82	16.82	规则，软件走的是实际，选择哪个自
子目 2	1.5 厚聚氨酯防水	m²	17.884	18.03	己酌情处理
子目 3	5 厚釉面砖面层	m²	16.82	16.82	
子目 1	6 厚 1∶2.5 水泥砂浆抹平	m²	17.884	18.03	

注：此处只是一个卫生间的工程量。

单击"退出"按钮，退出查看构件图元工程量对话框。

4. 厨房装修工程量软件计算结果

选中一个厨房→单击"查看工程量"按钮→单击"做法工程量"，首层厨房做法工程量汇总见表2-22。

表 2-22　首层厨房做法工程量汇总

编码	项目名称	单位	软件量	手工量	备　注
010501001	垫层	m³	0.2128	0.2128	手工计算吊顶定额工程量用的是2.5m＋0.2m高度，而软件用的是2.5m＋0.18m高度。手工走的是规则，软件走的是实际
子目1	40厚陶粒混凝土垫层	m²	0.2128	0.2128	
011102003	块料楼地面	m²	5.41	5.41	
子目1	10厚地砖楼面	m²	5.41	5.41	
011302001	吊顶天棚	m²	5.32	5.32	
子目1	0.8～1.0铝合金条板	m²	5.32	5.32	
子目2	U型轻钢龙骨	m²	5.32	5.32	
011204003	块料墙面	m²	20.86	20.86	
子目2	5厚釉面砖面层	m²	20.86	20.86	
子目1	6厚1：2.5水泥砂浆抹平	m²	21.502	21.69	

注：此处只是一个厨房的装修工程量。

单击"退出"按钮，退出查看构件图元工程量对话框。

5. 过道装修工程量软件计算结果

选中一个过道→单击"查看工程量"按钮→单击"做法工程量"，首层过道做法工程量汇总见表2-23。

表 2-23　首层过道做法工程量汇总

编码	项目名称	单位	软件量	手工量	备注
010501001	垫层	m³	0.2144	0.2145	
子目1	40厚陶粒混凝土垫层	m³	0.2144	0.2145	
011102003	块料楼地面	m²	5.73	5.73	
子目1	地砖楼面	m²	5.73	5.73	
011301001	天棚抹灰	m²	5.36	5.36	
子目1	刮耐水腻子	m²	5.36	5.36	
子目2	刷耐擦洗涂料	m²	5.36	5.36	
011201002	墙面装饰抹灰	m²	17.622	17.622	
子目1	9厚1：3水泥砂浆打底扫毛	m²	17.622	17.622	
子目2	喷水性耐擦洗涂料	m²	18.862	18.852	正常误差
011105003	块料踢脚线	m	6.5	6.5	
子目1	5～10厚地砖踢脚	m	6.5	6.5	

注：此处只是一个过道的装修工程量。

单击"退出"按钮，退出查看构件图元工程量对话框。

6. 卧室装修工程量软件计算结果

选中一个卧室→单击"查看工程量"按钮→单击"做法工程量"，首层卧室做法工程量汇总见表2-24。

表 2-24　首层卧室做法工程量汇总

编码	项目名称	单位	软件量	手工量	备　注
010501001	垫层	m³	0.544	0.544	
子目 1	40 厚陶粒混凝土垫层	m³	0.544	0.544	
011102003	块料楼地面	m²	13.69	13.69	软件计算飘窗洞口侧壁是按 4 边
子目 1	地砖楼面	m²	13.69	13.69	计算的,而手工是按三面计算的,手
011301001	天棚抹灰	m²	13.6	13.6	工考虑了窗台板,软件未考虑。软
子目 1	刮耐水腻子	m²	13.6	13.6	件多算了洞口下边侧壁 2.5×0.1=
子目 2	刷耐擦洗涂料	m²	13.6	13.6	0.25m²
011201002	墙面装饰抹灰	m²	34.024	34.024	
子目 1	9 厚 1∶3 水泥砂浆打底扫毛	m²	34.024	34.024	
子目 2	喷水性耐擦洗涂料	m²	33.924	33.674	
011105003	块料踢脚线	m	14.1	14.1	
子目 1	5～10 厚地砖踢脚	m	14.1	14.1	

注：此处只是一个卧室的装修工程量。

单击"退出"按钮，退出查看构件图元工程量对话框。

7. 客厅装修工程量软件计算结果

选中一个客厅→单击"查看工程量"按钮→单击"做法工程量"，首层客厅做法工程量汇总见表 2-25。

表 2-25　首层客厅做法工程量汇总

编码	项目名称	单位	软件量	手工量
010501001	垫层	m³	0.784	0.784
子目 1	40 厚陶粒混凝土垫层	m³	0.784	0.784
011102001	石材楼地面	m²	20.09	20.09
子目 1	花岗石楼面	m²	20.09	20.09
011301001	天棚抹灰	m²	19.6	19.6
子目 1	刮耐水腻子	m²	19.6	19.6
子目 2	刷耐擦洗涂料	m²	19.6	19.6
011201002	墙面装饰抹灰	m²	37.114	37.114
子目 1	9 厚 1∶3 水泥砂浆打底扫毛	m²	37.114	37.114
子目 2	喷水性耐擦洗涂料	m²	37.554	37.554
011105002	石材踢脚线	m	13.5	13.5
子目 1	花岗石踢脚	m	13.5	13.5

注：此处只是一个客厅的装修工程量。

单击"退出"按钮，退出查看构件图元工程量对话框。

8. 阳台装修工程量软件计算结果

选中一个阳台→单击"查看工程量"按钮→单击"做法工程量"，首层阳台做法工程量汇总见表 2-26。

表 2-26　首层阳台做法工程量汇总

编码	项目名称	单位	软件量	手工量	备　注
010501001	垫层	m³	0.2352	0.2352	
子目 1	40 厚陶粒混凝土垫层	m³	0.2352	0.2352	
011102001	石材楼地面	m²	6.13	6.13	
子目 1	花岗石楼面	m²	6.13	6.13	
011301001	天棚抹灰	m²	6.235	6.235	
子目 1	刮耐水腻子	m²	6.235	6.235	
子目 2	刷耐擦洗涂料	m²	6.235	6.235	

编码	项目名称	单位	软件量	手工量	备　注
011201002	墙面装饰抹灰	m²	12.708	12.573	软件未扣除栏板与墙相交面积
子目1	9厚1∶3水泥砂浆打底扫毛	m²	12.708	12.573	(0.1+0.05)×0.9=0.135
子目2	喷水性耐擦洗涂料	m²	12.473	12.353	软件未扣除栏板与墙相交面积 (0.1+0.05)×0.8=0.12
011105002	石材踢脚线	m	8.9	8.9	
子目1	花岗石踢脚	m	8.9	8.9	

注：此处只是一个阳台的装修工程量。

单击"退出"按钮，退出查看构件图元工程量对话框。

第十五节　室外装修

从建施-02外墙装修做法可以看出，外墙装修均为外墙1（喷刷涂料墙面），其底层为保温层，下面首先定义这些外墙的属性和做法。为了区别不同构件的工程量，我们将外墙装修分成外墙面处、阳台栏板处、雨篷栏板处三种情况。

一、定义外墙装修

1. 定义外墙面（外墙处）

单击"装修"前面的"▷"号将其展开→单击装修下一级"墙面"→单击"新建"下拉菜单→单击"新建外墙面"→修改名称为"外墙面（外墙处）"，建立好的外墙装修的属性和做法如图2-93所示。

属性名称	属性值	附加
名称	外墙面（外墙处）	
所附墙材质	（程序自动判断）	☐
块料厚度（	0	☐
内/外墙面	外墙面	☐
起点顶标高	墙顶标高	☐
终点顶标高	墙顶标高	☐
起点底标高	墙底标高	☐
终点底标高	墙底标高	☐

	编码	类别	项目名称	项目特征	单位	工程量表达式	表达式说明	措施项
1	⊟ 011201002	项	墙面装饰抹灰（外墙处）	1. 喷（刷）涂料墙面（外墙1）	m2	QMMHMJ	QMMHMJ<墙面抹灰面积>	☐
2	子目1	补	刮涂柔性耐水腻子		m2	QMMHMJ	QMMHMJ<墙面抹灰面积>	☐
3	子目2	补	喷（刷）外墙涂料		m2	QMKLMJ	QMKLMJ<墙面块料面积>	☐
4	⊟ 011001003	项	保温隔热墙面（外墙处）		m2	QMMHMJ	QMMHMJ<墙面抹灰面积>	☐
5	子目1	补	50厚聚苯颗粒保温		m2	QMMHMJ	QMMHMJ<墙面抹灰面积>	☐

图2-93

2. 定义外墙面（阳台栏板处）

定义好的阳台栏板处外墙装修如图 2-94 所示。

属性名称	属性值	附加
名称	外墙面（阳台栏板处）	
所附墙材质	（程序自动判断）	☐
块料厚度（	0	☐
内/外墙面	外墙面	☐
起点顶标高	墙顶标高	☐
终点顶标高	墙顶标高	☐
起点底标高	墙底标高	☐
终点底标高	墙底标高	☐

	编码	类别	项目名称	项目特征	单位	工程量表达式	表达式说明	措施项
1	⊟ 011201002	项	墙面装饰抹灰（阳台栏板处）	1. 喷（刷）涂料墙面（外墙1）:	m2	QMMHMJ	QMMHMJ<墙面抹灰面积>	☐
2	子目1	补	刮涂柔性耐水腻子		m2	QMMHMJ	QMMHMJ<墙面抹灰面积>	☐
3	子目2	补	喷（刷）外墙涂料		m2	QMKLMJ	QMKLMJ<墙面块料面积>	☐
4	⊟ 011001003	项	保温隔热墙面（阳台栏板处）		m2	QMMHMJ	QMMHMJ<墙面抹灰面积>	☐
5	子目1	补	50厚聚苯颗粒保温		m2	QMMHMJ	QMMHMJ<墙面抹灰面积>	☐

图 2-94

3. 定义外墙面（雨篷栏板处）

定义好的雨篷栏板处外墙装修如图 2-95 所示。

属性名称	属性值	附加
名称	外墙面（雨篷栏板处）	
所附墙材质	（程序自动判断）	☐
块料厚度（	0	☐
内/外墙面	外墙面	☐
起点顶标高	墙顶标高	☐
终点顶标高	墙顶标高	☐
起点底标高	墙底标高	☐
终点底标高	墙底标高	☐

	编码	类别	项目名称	项目特征	单位	工程量表达式	表达式说明	措施项
1	⊟ 011201002	项	墙面装饰抹灰（雨篷栏板处）	1. 喷（刷）涂料墙面（雨篷装修）:	m2	QMMHMJ	QMMHMJ<墙面抹灰面积>	☐
2	子目1	补	1:3水泥砂浆找平层		m2	QMMHMJ	QMMHMJ<墙面抹灰面积>	☐
3	子目2	补	喷（刷）外墙涂料		m2	QMKLMJ	QMKLMJ<墙面块料面积>	☐

图 2-95

二、画外墙装修

1. 画外墙面装修

我们分 2 步来画地下一层的外墙面。

（1）点画外墙面 单击"绘图"按钮进入绘图界面→选择"外墙面（外墙处）"名称→单击"点"按钮→将鼠标放到外墙外边的任意一点可显示外墙装修，这时候点一下鼠标左键外墙就布置上了，用此方法将外墙装修所有的墙面都点一遍。

注：此处在点画 E 轴上的外墙装修时，会自动弹出"提示信息"，如图 2-96 所示，单击关闭就可以了，因为 E 轴外墙在阳台位置在之前已经布置上了内墙装修，这里软件会自动扣减。

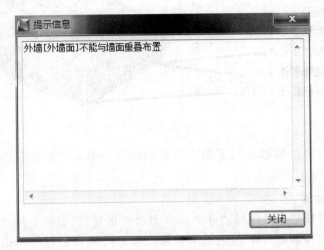

图 2-96

这时点一下三维，用鼠标左键旋转检查一下外墙装修是否都布置上了，如图 2-97 所示。

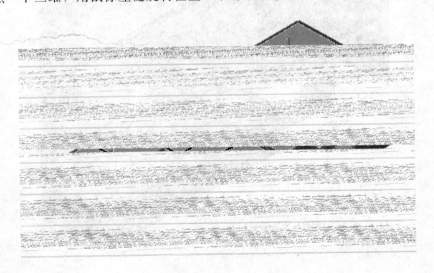

图 2-97

（2）修改外墙装修的顶、底标高 现在外墙面的外墙装修虽然画好了，但是底标高只到

—0.1 上，没有到室外标高—1.20 上，我们要把外墙 1 修改到室外标高位置，操作步骤如下：

在画外墙的状态下，单击"选择"按钮→单击"批量选择"按钮，弹出"批量选择构件图元"对话框→勾选"外墙面（外墙处）"→单击"确定"→修改属性里的"起点底标高"和"终点底标高"为"墙底标高—1.1"，如图 2-98 所示→单击右键→单击"取消选择"。

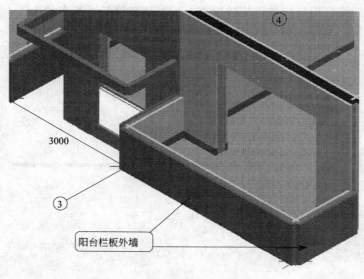

属性名称	属性值
名称	外墙面
所附墙材质	(预拌混凝土)
块料厚度(	0
内/外墙面	外墙面
起点顶标高	墙顶标高(2.7)
终点顶标高	墙顶标高(2.7)
起点底标高	层底标高-1.1(-1.2)
终点底标高	墙底标高-1.1(-1.2)

图 2-98

这样外墙面的装修就都修改到了图纸要求的位置，单击"俯视"按钮将图恢复到俯视状态。

2. 画阳台栏板装修

（1）点画阳台栏板装修 选择"外墙面（阳台栏板处）"名称，用点画外墙装修的方法点画阳台栏板，注意伸缩缝处阳台栏板不装修，画好的阳台栏板装修的西北等轴测图如图 2-99 所示。

图 2-99

（2）修改阳台栏板装修到板底 因为已经画上的阳台栏板外墙面底标高在板顶—0.1，并没有到板底，我们要将其修改到板底，操作步骤如下：

在画外墙的状态下，单击"选择"按钮→单击"批量选择"按钮，弹出"批量选择构件图元"对话框→勾选"外墙面（阳台栏板处）"→单击"确定"→修改属性里的"起点底标高"和"终点底标高"为"墙底标高－0.12"，如图 2-100 所示→单击右键→单击"取消选择"。

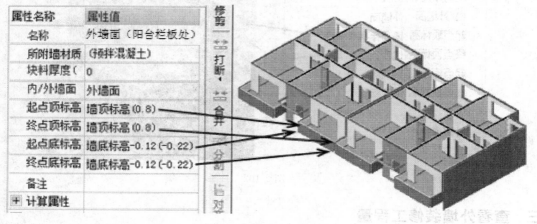

图 2-100

3. 画雨篷立板装修

（1）点画雨篷栏板装修　用点画外墙装修的方法点画雨篷栏板，画好的雨篷栏板装修的西北等轴测图如图 2-101 所示。

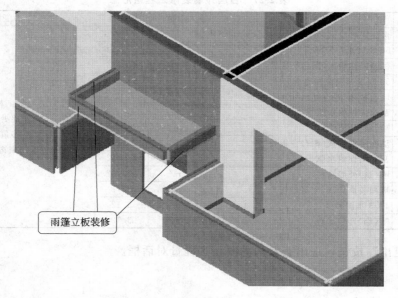

图 2-101

（2）修改雨篷栏板装修到板底　这时画好的雨篷底标高在雨篷板上标高，并没有到雨篷板的底标高，我们要将其修改到雨篷板底，操作步骤如下：

在画外墙的状态下，单击"选择"按钮→单击"批量选择"按钮，弹出"批量选择构件图元"对话框→勾选"外墙面（雨篷栏板处）"→单击"确定"→修改属性里的"起点底标高"和"终点底标高"为"墙底标高－0.10"，如图 2-102 所示→单击右键→单击"取消选择"。

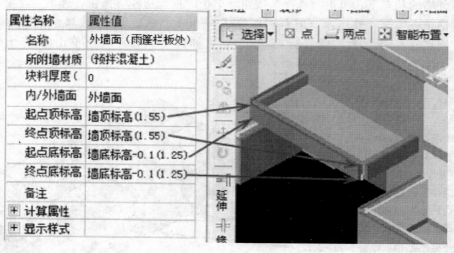

图 2-102

三、查看外墙装修工程量

汇总结束后，单击"选择"按钮结束原来所有操作→单击"批量选择"→分别勾选"外墙面（外墙处）、外墙面（阳台栏板处）、外墙面（雨篷栏板处）"→单击"确定"→单击"查看工程量"→单击"做法工程量"。首层外墙装修工程量汇总见表 2-27。

表 2-27 首层外墙装修工程量汇总

编码	项目名称	单位	软件量	手工量
011001003	保温隔热墙面（外墙处）	m²	177.286	
子目 1	50 厚聚苯颗粒保温	m²	177.286	
011001003	保温隔热墙面（阳台栏板处）	m²	27.132	
子目 1	50 厚聚苯颗粒保温	m²	27.132	
011201002	墙面装饰抹灰（外墙处）	m²	177.286	此时无法与手工核对，因地下一层还没有画，软件此处的量没扣除地下一层窗、阳台板等量。等地下一层画完后我们再返回来再核对
子目 1	刮涂柔性耐水腻子	m²	177.286	
子目 2	喷（刷）外墙涂料	m²	184.206	
011201002	墙面装饰抹灰（阳台栏板处）	m²	27.132	
子目 1	刮涂柔性耐水腻子	m²	27.132	
子目 2	喷（刷）外墙涂料	m²	27.132	
011201002	墙面装饰抹灰（雨篷栏板处）	m²	3.12	
子目 1	1：3 水泥砂浆找平层	m²	3.12	
子目 2	喷（刷）外墙涂料	m²	3.12	

单击"退出"按钮，退出查看构件图元工程量对话框。

第十六节 首层建筑面积及其相关量

首层建筑面积包括外墙皮以内的建筑面积、阳台建筑面积和雨篷建筑面积，根据 2005 建筑面积计算规则，外墙保温层也要计算建筑面积，阳台按照外围面积的一半来计算建筑面积，雨篷外边线距离外墙外边线未超过 2.1m 者，按照雨篷板面积不计入建筑面积。首先来定义外墙皮内建筑面积和阳台建筑面积。

一、定义首层建筑面积及其相关量

1. 外墙皮以内建筑面积及脚手架等

单击"其他"前面的"▷"号将其展开→单击"新建"下拉菜单→单击"新建建筑面积"→修改名称为"外墙以内建筑面积及脚手架等"，定义好的外墙以内建筑面积及脚手架等属性和做法如图 2-103 所示。

属性名称	属性值	附加
名称	外墙以内建筑面积及脚手架等	
底标高(m)	层底标高	☐
建筑面积计	计算全部	☐

	编码	类别	项目名称	项目特征	单位	工程量	表达式说明	措施
1	⊟ B-002	补项	建筑面积(外墙以内)		m2	MJ	MJ〈面积〉	☐
2	└ 子目1	补	建筑面积(外墙以内)		m2	MJ	MJ〈面积〉	☐
3	⊟ 011701001	项	综合脚手架(外墙以内)		m2	ZHJSJMJ	ZHJSJMJ〈综合脚手架面积〉	☑
4	└ 子目1	补	综合脚手架面积(外墙以内)		m2	ZHJSJMJ	ZHJSJMJ〈综合脚手架面积〉	☑
5	⊟ 011703001	项	垂直运输(外墙以内)		m2	MJ	MJ〈面积〉	☑
6	└ 子目1	补	垂直运输(外墙以内)		m2	MJ	MJ〈面积〉	☑

图 2-103

2. 阳台建筑面积及其相关量

定义好的阳台及脚手架如图 2-104 所示。

属性名称	属性值	附加
名称	阳台建筑面积及脚手架等	
底标高(m)	层底标高	☐
建筑面积计	计算全部	☐

	编码	类别	项目名称	项目特征	单位	工程量	表达式说明	措施
1	⊟ B-002	补项	建筑面积(阳台)		m2	MJ/2	MJ〈面积〉/2	☐
2	└ 子目1	补	建筑面积(阳台)		m2	MJ/2	MJ〈面积〉/2	☐
3	⊟ 011701001	项	综合脚手架(阳台)		m2	MJ/2	MJ〈面积〉/2	☑
4	└ 子目1	补	综合脚手架面积(阳台)		m2	MJ/2	MJ〈面积〉/2	☑
5	⊟ 011703001	项	垂直运输(阳台)		m2	MJ/2	MJ〈面积〉/2	☑
6	└ 子目1	补	垂直运输(阳台)		m2	MJ/2	MJ〈面积〉/2	☑

图 2-104

注：阳台建筑面积和脚手架都按一半计算。

二、画首层建筑面积及其相关量

1. 画外墙皮以内建筑面积

在画建筑面积的状态下，单击"点"按钮→单击外墙内的任意一点，这样首层建筑面积就布置好了，如图 2-105 所示。

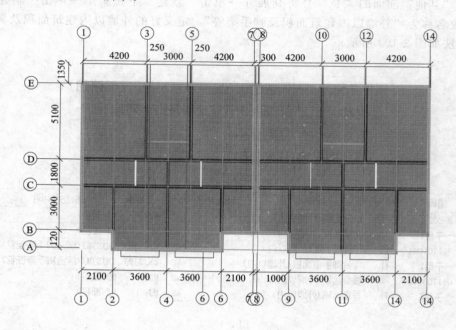

图 2-105

这时建筑面积虽然布置好了，但是布置在外墙外边线上，从建施-02 外墙装修做法可以看出，外墙保温层为 50 厚，要将建筑面积外放 50，操作步骤如下：

在画建筑面积状态下，单击"选择"按钮→选中画好的建筑面积→单击右键弹出右键菜单→单击"偏移"，弹出"请选择偏移方式"对话框→选择"整体偏移"→单击"确定"→向外拉动鼠标→输入偏移距离为 50→敲回车，这样含保温层的建筑面积就画好了，如图 2-106 所示。

2. 画阳台建筑面积

画 1～3 轴线阳台建筑面积。在画建筑面积状态下，选择"阳台建筑面积及脚手架等"名称→在英文状态下按"B"让板显示出来→在屏幕右下方单击"顶点"按钮，让顶点处于工作状态→单击"矩形"按钮→单击图 2-107 所示的 1 号交点单击 2 号交点→单击右键结束。

按"B"取消板的显示，我们看到阳台建筑面积已经画好了（软件自动会将与外墙外边线以内建筑面积重叠部分扣除）。但是这时的面积并不正确，要用多边偏移的方法将阳台建筑面积外偏 50，操作步骤如下：

在画建筑面积的状态下，单击"选择"按钮→选择已经画好的阳台建筑面积→单击右键，弹出右键菜单→单击"偏移"弹出"请选择偏移方式"对话框→选中"多边偏移"→分别选中阳台建筑面积的三个边→单击右键→用鼠标往外拉→填写偏移值 50→敲回车，如图 2-108 所示，这样一个阳台的建筑面积就画好了。

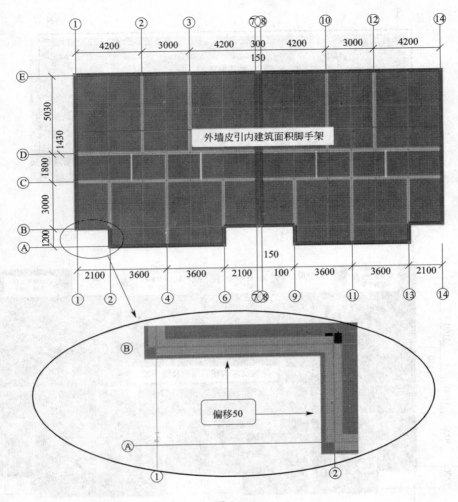

图 2-106

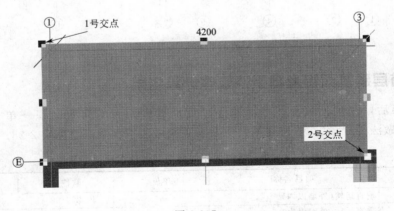

图 2-107

用相同的画法画 5～7 轴、8～10 轴、12～14 轴的阳台建筑面积。画好的首层整体建筑面积如图 2-109 所示。

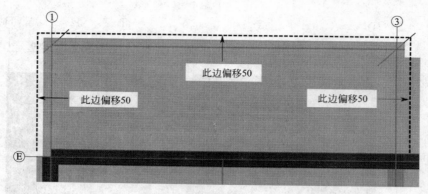

图 2-108

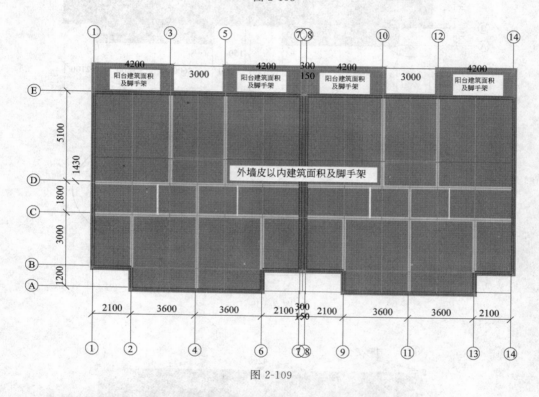

图 2-109

三、查看首层建筑面积及脚手架软件计算结果

汇总结束后，在画建筑面积的状态下，拉框选中所有的建筑面积→单击"查看工程量"→单击"做法工程量"，首层建筑面积及脚手架做法工程量汇总见表 2-28。

表 2-28　首层建筑面积和脚手架做法工程量汇总

编码	项目名称	单位	软件量	手工量
011703001	垂直运输（外墙以内）	m²	256.68	256.68
子目 1	垂直运输（外墙以内）	m²	256.68	256.68
011703001	垂直运输（阳台）	m²	13.5	13.5
子目 1	垂直运输（阳台）	m²	13.5	13.5
B-002	建筑面积（外墙以内）	m²	256.68	256.68

续表

编码	项目名称	单位	软件量	手工量
子目1	建筑面积（外墙以内）	m²	256.68	256.68
B-002	建筑面积（阳台）	m²	13.5	13.5
子目1	建筑面积（阳台）	m²	13.5	13.5
011701001	综合脚手架（外墙以内）	m²	256.68	256.68
子目1	综合脚手架面积（外墙以内）	m²	256.68	256.68
011701001	综合脚手架（阳台）	m²	13.5	13.5
子目1	综合脚手架面积（阳台）	m²	13.5	13.5

单击"退出"按钮，退出查看构件图元工程量对话框。

第十七节　平整场地

关于平整场地，2013 清单规则规定，按照首层建筑面积计算，定额算法是首层外墙外边线外放 2m 的面积。以首层建筑面积计算平整场地的情况，可以用表格输入的方法来计算，外放 2m 的平整场地可以用画图的方法来计算。

一、用画图的方法计算平整场地

1. 定义定额平整场地属性和做法

单击"其他"前面的"▷"号将其展开→单击下一级"平整场地"→单击"新建"下拉菜单→单击"新建平整场地"→修改名称为"平整场地"→建立好的平整长度的属性和做法如图 2-110 所示。

属性名称	属性值	附加
名称	平整场地	
场平方式	机械	☐

	编码	类别	项目名称	项目特征	单位	工程量表达式	表达式说明	措施项
1	─ 010101001	项	平整场地		m2	0	0	☐
2	└ 子目1	补	外放2米平整场地		m2	MJ	MJ<面积>	☐

图 2-110

2. 画定额平整场地

（1）先将平整场地画到外墙轴线位置　选择"平整场地"名称→单击"智能布置"下拉菜单→单击外墙轴线，软件自动将平整场地布置到外墙轴线位置，如图 2-111 所示。

（2）将平整场地外放到距离外墙皮 2000 位置　这时平整场地只到外墙轴线（也是外墙中心线）位置，要将其修改到距离墙外边线为 2m 的位置，操作步骤如下：

在画平整场地的状态下，单击"选择"按钮→选中已经画好的平整场地→单击右键，弹出右键菜单→单击"偏移"，弹出"请输入偏移值"对话框→选择"整体偏移"→单击"确定"→将鼠标往外拉→输入偏移值 2100→敲回车，这样外放 2m 的平整场地就画好了，如图 2-112 所示：

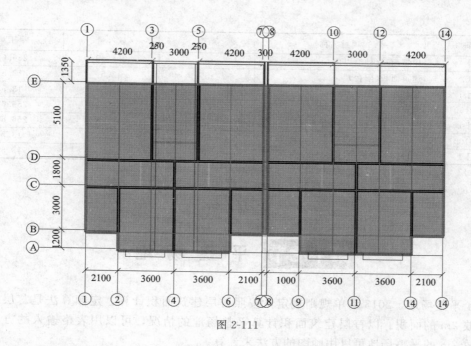

图 2-111

图 2-112

（3）查看定额平整场地软件计算结果 汇总结束后，在画平整场地的状态下，单击"选择"按钮→单击画好的平整场地→单击"查看工程量"按钮→单击"做法工程量"→外墙外墙皮外放 2m 的定额平整长度的工程量见表 2-29。

表 2-29 外墙外边线外放 2m 的定额平整长度的工程量

编码	项目名称	单位	软件量	手工量	备 注
010101001	平整场地	m²	0		清单平整场地下面用表格输入法计算
子目 1	外放 2m 平整场地	m²	412.29	412.29	

单击"退出"按钮，退出查看构件图元工程量对话框。

二、用表格输入法计算平整场地

我们知道清单平整场地按照首层建筑面积计算，而首层建筑面积在前面已经算过了，这里可以用表格输入的方法来统计清单平整场地工程量，操作步骤如下：

单击"模块导航栏"下的"表格输入"→单击"其他"前面的"▷"号将其展开→单击下一级"平整场地"→单击"新建"→修改名称为"平整场地"→根据表2-28填写清单和定额平整场地相应数据，如图2-113所示。

	名称	数量	备注
1	平整场地	1	

	编码	类别	项目名称	项目特征	单位	工程量表达	工程量	措施
1	010101001	项	平整场地（见表1.4.28）	1. 首层建筑面积	m²	256.02+13.5	269.52	☐

图 2-113

第十八节 雨篷天棚及屋面

前面已经做了雨篷板、雨篷栏板及栏板装修，但并没有计算雨篷的天棚及屋面，现在就把这两个量计算一下。

一、雨篷天棚

1. 定义雨篷天棚

从建施-13中可以看出，雨篷的天棚装修为水泥砂浆打底，涂料喷面，在天棚里定义雨篷的天棚。

单击"装修"前面的"▷"号将其展开→单击下一级"天棚"→单击"新建"下拉菜单→单击"新建天棚"→修改名称为"雨篷天棚"→定义好的雨篷天棚的属性和做法如图2-114所示。

属性名称	属性值	附加
名称	雨篷天棚	
备注		☐

	编码	类别	项目名称	项目特征	单位	工程量表达式	表达式说明	措施项
1	011201002	项	墙面装饰抹灰	1. 1：3水泥砂浆底 : 喷刷涂料面	m2	TPMHMJ	TPMHMJ〈天棚抹灰面积〉	☐
2	子目1	补	1:3水泥砂浆找平		m2	TPMHMJ	TPMHMJ〈天棚抹灰面积〉	☐
3	子目2	补	喷(刷)涂料墙面		m2	TPMHMJ	TPMHMJ〈天棚抹灰面积〉	☐

图 2-114

2. 画雨篷天棚

单击"绘图"按钮，进入绘图界面→在画天棚的状态下，单击"智能布置"下拉菜单→

单击"现浇板"→分别单击两块雨篷板→单击右键结束，如图 2-115 所示。

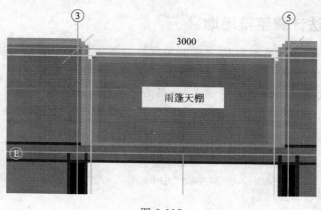

图 2-115

3. 查看雨篷天棚软件计算结果

汇总结束后，在画天棚状态下单击"选择"按钮→单击画好的一个雨篷天棚→单击"查看工程量"按钮→单击"做法工程量"，雨篷天棚做法工程量汇总见表 2-30。

表 2-30　雨篷天棚做法工程量汇总

编码	项目名称	单位	软件量	手工量
011201002	墙面装饰抹灰	m²	3.38	3.38
子目 1	1∶3 水泥砂浆找平	m²	3.38	3.38
子目 2	喷(刷)涂料墙面	m²	3.38	3.38

注：此处仅是一个雨篷天棚的工程量。

单击"退出"按钮，退出查看构件图元工程量对话框。

二、雨篷屋面

从建施-05 中可以看出，雨篷屋面为屋面 1，又从建施-02 中可以看到屋面 1 的做法，下面先来定义屋面 1 的属性和做法。

1. 定义雨篷屋面

单击"其他"前面的"▷"号将其展开→单击下一级"屋面"→单击"新建"下拉菜单→单击"新建屋面"→修改名称为"屋面 1"→建立好的屋面 1 的属性和做法如图 2-116所示。

2. 画雨篷屋面

单击"绘图"按钮，进入绘图界面→在画屋面的状态下，单击"点"按钮→分别单击两个雨篷板栏板以内，这样雨篷屋面就布置好了，如图 2-117 所示。

3. 雨篷屋面卷边

这时候雨篷屋面虽然画好了，但并没有卷边，要把雨篷屋面卷边。从建施-02 可以看出，雨篷屋面卷边均为 250，因为雨篷栏板高度仅为 200，所以沿栏板的三面高度仅卷起200，靠墙一边卷边 250，操作步骤如下：

单击"定义屋面卷边"下拉菜单→单击"设置多边"→分别单击两个雨篷的三个栏板内边，如图 2-118 所示→单击右键弹出"请输入屋面卷边高度"对话框→填写屋面高度 200→单击"确定"，这样屋面三个卷边就布置好了。

属性名称	属性值	附加
名称	屋面1	
顶标高(m)	顶板顶标	☐

	编码	类别	项目名称	项目特征	单位	工程量表达式	表达式说明	措施项
1	⊟ 011001001	项	保温隔热屋面	1.屋面1:	m2	MJ	MJ<面积>	☐
2	─ 子目1	补	SBS防水层(3mm+3mm)		m2	FSMJ	FSMJ<防水面积>	☐
3	─ 子目2	补	20厚1:3砂浆找平		m2	FSMJ	FSMJ<防水面积>	☐
4	─ 子目3	补	水泥珍珠岩找2%坡,最薄处30厚		m3	MJ*0.042	MJ<面积>*0.042	☐
5	─ 子目4	补	50厚聚苯乙烯泡沫塑料板		m3	MJ*0.05	MJ<面积>*0.05	☐
6	─ 子目5	补	20厚1:3砂浆找平		m2	MJ	MJ<面积>	☐

图 2-116

注：按照 2013 清单规则要求，011001001 是不包含防水项目的，按理应当将防水单列清单项，但太麻烦，在实战中为了简单，就用一个清单项代替，只要在项目特征里描述清楚就可以了。

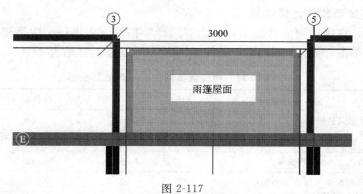

图 2-117

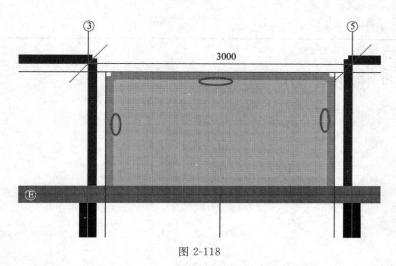

图 2-118

分别单击两个雨篷靠墙那一边→单击右键弹出"请输入屋面卷边高度"对话框→填写屋

面高度 250→单击"确定",这样屋面靠墙一面卷边就布置好了。卷好边的屋面如图 2-119
所示。

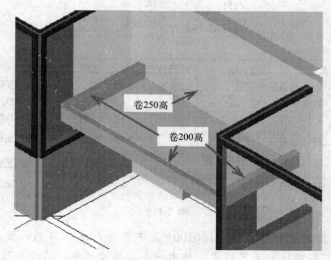

图 2-119

4. 查看雨篷屋面软件计算结果

汇总结束后,在画屋面的状态下,单击"选择"按钮→单击一个雨篷屋面→单击"查看
工程量"按钮→单击"做法工程量",雨篷屋面做法工程量汇总见表 2-31。

表 2-31 雨篷屋面做法工程量汇总

编码	项目名称	单位	软件量	手工量
011001001	保温隔热屋面	m²	2.88	2.88
子目 2	20 厚 1:3 砂浆找平	m²	4.44	4.44
子目 5	20 厚 1:3 砂浆找平	m²	2.88	2.88
子目 4	50 厚聚苯乙烯泡沫塑料板	m³	0.144	0.144
子目 1	SBS 防水层(3+3)	m²	4.44	4.44
子目 3	水泥珍珠岩找 2%坡,最薄处 30 厚	m³	0.121	0.121

注:此处仅是一个雨篷屋面的工程量。

单击"退出"按钮,退出查看构件图元工程量对话框。

第三章 二～四层工程量计算

第一节 二层工程量计算

从这一节开始，我们来计算二层的工程量，二层的平面图见建施-05。从平面图可以看出，二层和一层几乎一样，从立面图和剖面图可以看出，二层和首层的层高也一样，都是2800，只是楼梯间把 M1221 换成 C1215（这个窗在首层已经画了），没有了台阶、散水和雨篷，从结施-04 可以看出，二层墙和首层墙也一样。

根据建筑物列项原理，列出二层要计算的构件，如图 3-1 所示。

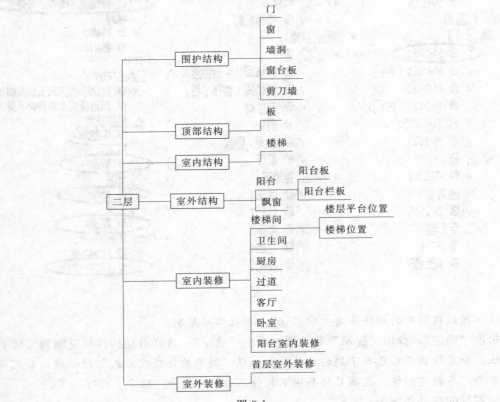

图 3-1

经过分析，除了 M1221、台阶、散水和雨篷以外的所有构件都可以复制到二层上来，由于外墙面（外墙处）的装修的标高变化了，在这里先不复制图元，而后将外墙面装修定义好的构件复制上来重新画。而"外墙面（雨篷栏板处）"二层没有了，就不复制了。

一、将首层画好的构件复制到二层

将楼层从首层切换到二层→单击"楼层"下拉菜单→单击"从其他楼层复制构件图元"，弹出"从其他楼层复制图元"对话框→在"图元选择"框的空白处单击右键→单击"全部展开"→取消下列构件前的"√"，分别是"M1221"、"雨篷平板"、"雨篷天棚"、"外墙面（外墙处）"、"外墙面（雨篷栏板处）"、"平整场地"、"散水"、"台阶"、"屋面 1"、"LB100×200"，如图 3-2 所示。

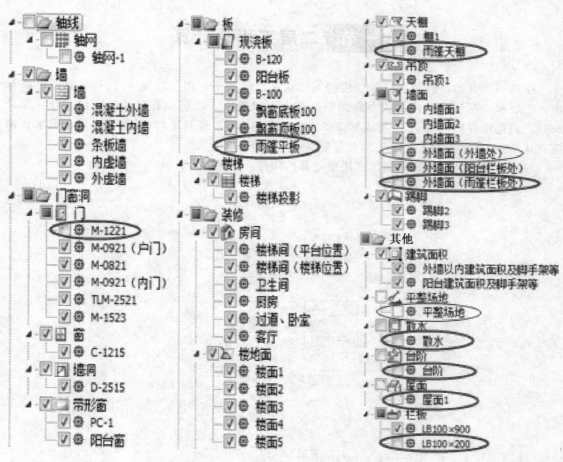

图 3-2

注：图纸椭圆处的构件是要去掉"√"，不往二层复制。

单击"确定"，弹出"提示"对话框→单击"确定"，这样首层构件就复制到二层了。

注：如果你的二层已画了别的构件，会出现"同名构件处理方式"对话框，如图 3-3 所示→单击"不新建构件，覆盖目标层同名构件属性"→单击"确定"就可以了。

复制好的构件如图 3-4 所示。

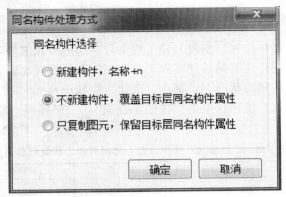

图 3-3

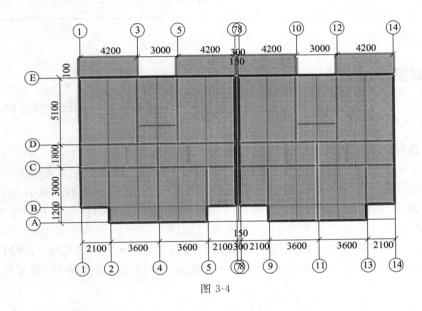

图 3-4

二、二层墙体工程量核对

由于首层楼梯间外墙遇到 M1221 和窗 C1215，而二层楼梯间外墙上下都会遇到 C1215，此处墙体工程量会发生变化，我们只将外墙的工程量与手工核对一下，其他量就不再核对了。

在画墙的状态下，单击"选择"按钮→单击"批量选择"按钮，弹出"批量选择构件图元"对话框→只勾选"混凝土外墙"→单击"确定"→单击"查看工程量"按钮，二层混凝土外墙工程量汇总见表 3-1。

表 3-1　二层混凝土外墙工程量汇总

编码	项目名称	单位	软件量	手工量	备注
011702011	直形墙(清单模板面积)	m²	411.288	406.872	软件此处墙模板计算有误
子目 2	混凝土墙(定额超高模板面积)	m²	0	0	
子目 1	混凝土墙(定额模板面积)	m²	411.288	406.872	
010504001	直形墙(清单体积)	m³	41.04	41.04	
子目 1	混凝土墙(定额体积)	m³	41.04	41.04	

单击"退出"按钮，退出"做法工程量"对话框。

三、二层楼梯间（楼梯位置）装修工程量计算

二层除了楼梯间（楼梯位置）室内装修工程量与首层有变化之外，其他房间的工程量与首层一模一样，此处只把此房间的软件工程量与手工工程量做对比。

汇总结束后，在画房间的状态下，单击"选择"按钮→单击"楼梯间（楼梯位置）"房间，→单击"查看工程量"按钮→单击"做法工程量"，二层梯间（楼梯位置）房间装修工程量见表3-2。

表3-2　二层梯间（楼梯位置）房间装修工程量汇总表

编　码	项目名称	单　位	软件量	手工量
011201002	墙面装饰抹灰	m²	27.152	27.152
子目1	9厚1：3水泥砂浆打底扫毛	m²	27.152	27.152
子目2	喷水性耐擦洗涂料	m²	27.692	27.692

单击"退出"按钮，退出"做法工程量"对话框。

四、画二层室外装修

接下来画二层的室外装修，二层的室外装修只有外墙面装修与阳台栏板装修，由于阳台栏板装修已经复制上来了，这里只画二层的外墙面装修就可以了。

1. 复制首层定义好的构件"外墙面（外墙处）"到二层

首先，把首层已经定义好的"外墙面（外墙处）"构件复制到二层，操作步骤如下：

单击"绘图输入"进入绘图界面→单击"构件"下拉菜单→单击"从其他楼层复制构件"，弹出"从其他楼层复制构件"对话框→单击"源楼层"下的首层→在"复制构件"栏的空白处单击右键→单击"全部取消"→单击"装修"前面的"▷"将其展开→单击"墙面"前面的"▷"将其展开→只勾选"外墙面（外墙处）"→单击"确定"，软件弹出"提示"对话框→单击"确定"，这样就把首层定义好的"外墙面（外墙处）"就复制到二层了。

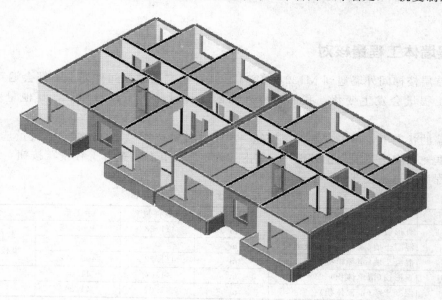

图 3-5

2. 画二层外墙装修

仍用点式画法画沿着二层外墙面点一周（与首层外装修画法一样，只画外墙面外装修），画好的外墙装修如图 3-5 所示。

3. 二层外墙面装修软件计算结果

汇总结束后，在画外墙面的状态下，单击"选择"按钮→单击"批量选择"按钮，弹出"批量选择构件图元"对话框→只勾选"外墙面（外墙处）"→单击"确定"→单击"查看工程量"按钮→单击"做法工程量"，二层外墙装修做法工程量汇总见表 3-3。

表 3-3　二层外墙装修做法工程量汇总

编　码	项目名称	单　位	软件量	手工量	备注
011001003	保温隔热墙面（外墙处）	m²	122.956	122.956	
子目 1	50 厚聚苯颗粒保温	m²	122.956	122.956	
011001003	保温隔热墙面（阳台栏板处）	m²	27.132	27.132	
子目 1	50 厚聚苯颗粒保温	m²	27.132	27.132	
011201002	墙面装饰抹灰（外墙处）	m²	122.956	122.956	
子目 1	刮涂柔性耐水腻子	m²	122.956	122.956	
子目 2	喷（刷）外墙涂料	m²	129.396	126.196	软件多计算了飘窗侧壁面积 (2.5+1.5)×2×0.1×4＝3.2m²
011201002	墙面装饰抹灰（阳台栏板处）	m²	27.132	27.132	
子目 1	刮涂柔性耐水腻子	m²	27.132	27.132	
子目 2	喷（刷）外墙涂料	m²	27.132	27.132	

单击"退出"按钮，退出查看构件图元工程量对话框。

第二节　三层工程量计算

从这一节开始，我们来计算三层的工程量，三层的平面图见建施-06。从建施-06 可以看出，三层和二层完全相同，要计算的工程量也与二层完全相同，可以把二层的所有构件复制到三层。

将楼层切换到第 3 层→单击"楼层"下拉菜单→单击"从其他楼层复制构件图元"，弹出"从其他楼层复制图元"对话框→在"图元选择"框的空白处单击右键→单击"全部展开"勾选图元如图 3-6 所示。

单击"确定"，弹出"确认"对话框→单击"是"，弹出"提示"对话框 →单击"确定"，这样二层构件就全部复制到三层了，如图 3-7 所示。

三层工程量汇总与二层完全相同，这里不再赘述。

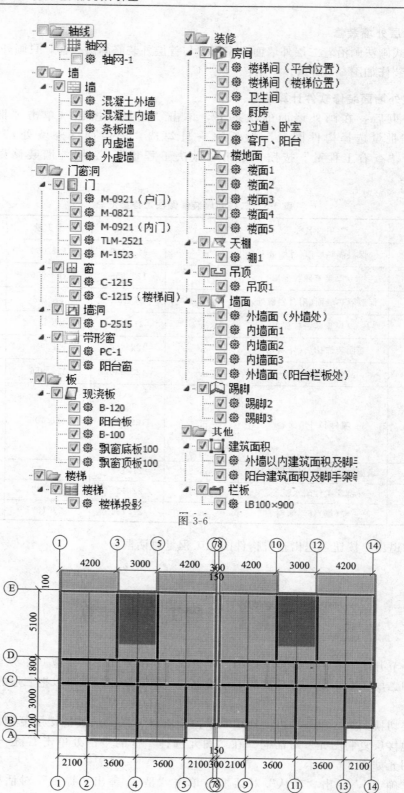

图 3-6

图 3-7

第三节 四层工程量计算

从这一节开始计算四层的工程量，从建施-06 可以看出，三、四层是一张平面图，从建施-12 可以看出，四层层高与三层一样，都是 2.8m，所以四层的工程量应该和三层一样，把三层的构件全部复制到四层就可以了。

将楼层切换到第 4 层→单击"楼层"下拉菜单→单击"从其他楼层复制构件图元"，弹出"从其他楼层复制图元"对话框，软件默认源楼层为"第 3 层"，并默认勾选全部构件，目标层楼层为"第 4 层"，如图 3-8 所示，因为三、四层内容完全相同，这里直接单击"确认"即可。

图 3-8

复制好的构件如图 3-9 所示。

由于三层与四层工程量完全相同，这里就不再另外写出工程量了。

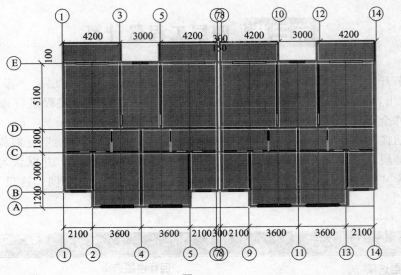

图 3-9

第四章 五层、屋面层工程量计算

第一节 五层工程量计算

从这一节开始计算五层的工程量，五层的平面图见建施-07。从平面图可以看出，五层要计算的工程量与四层完全相同，只是五层结构层高为 2.9m，与四层层高为 2.8m 不一样，而且五层没有楼梯，四层有楼梯，可以把四层除楼梯、B-100（楼梯平台板到五层也变成了 B-120）、楼梯间装修以外的所有构件复制到五层，楼梯间重新装修就可以了。

一、将四层画好的构件复制到五层

将楼层切换到第 5 层→单击"楼层"下拉菜单→单击"从其他楼层复制构件图元"，弹出"从其他楼层复制图元"对话框→在"图元选择"框的空白处单击右键→单击"全部展开"→勾选除楼梯、楼梯间以外的所有图元，如图 4-1 所示。

单击"确定"，弹出"提示"对话框→单击"确定"，这样四层部分构件就复制到五层了。复制到五层的构件如图 4-2 所示。

二、删除楼梯间的窗

因为五层楼梯间窗在四层已经画上，五层就不需要窗了，所以要删除五层已经复制的楼梯间窗 C1215。

三、画五层楼梯间的顶板

1. 画楼梯间的顶板

由于五层是顶层，所以在五层楼梯间是有板的，用画板的方法将楼梯间的顶板画上，操作步骤如下：

单击"板"前面的"▷"，使其展开→单击下一级的"现浇板"→选择"B-120"名称→单击"矩形"按钮→单击 3/E 交点→单击 5/D 交点→单击 10/E 交点→单击 12/D 交点→单击右键结束，画好的板如图 4-3 所示。

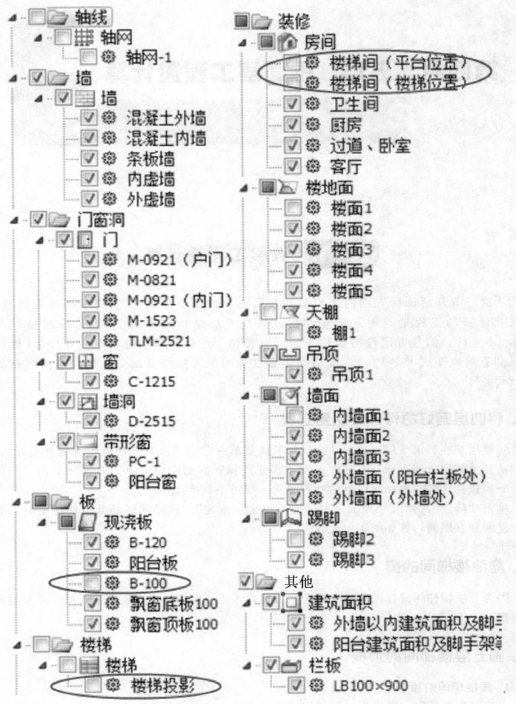

图 4-1

2. 查看楼梯间顶板软件计算结果

汇总计算后，在画板状态下，单击"选择"按钮→选中图中已画好楼梯间位置的板（3~5轴和10~12轴位置的楼梯间的板）→单击"查看工程量"按钮→单击"做法工程量"，五层楼梯间顶板做法工程量汇总见表4-1。

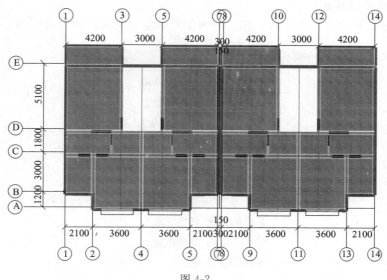

图 4-2

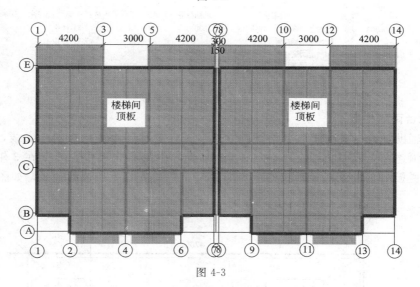

图 4-3

表 4-1 五层楼梯间顶板做法工程量汇总

编 码	项目名称	单 位	软件量	手工量
011702016	平板(底面模板面积)	m²	27.44	27.44
子目 2	平板(超高模板面积)	m²	0	0
子目 1	平板(底面模板面积)	m²	27.44	27.44
010505003	平板(体积)	m³	3.2928	3.2928
子目 1	平板(体积)	m³	3.2928	3.2928

单击"退出"按钮,退出查看构件图元工程量对话框。

四、画五层阳台的雨篷栏板

从结施-08 的 4—4 剖面图可以看出,五层阳台上雨篷立板的高度为 180mm,首先来定义这个立板。

1. 定义阳台雨篷栏板

在栏板里定义阳台雨篷的立板,定义好的阳台雨篷立板属性和做法如图 4-4 所示。

属性名称	属性值	附加
名称	LB100×180	
材质	预拌混凝土	☐
混凝土类型	(预拌混凝土)	☐
混凝土标号	C30	☐
截面宽度(	100	☐
截面高度(	180	☐
截面面积 (m	0.018	☐
起点底标高	层顶标高	☐
终点底标高	层顶标高	☐
轴线距左边	(50)	☐

	编码	类别	项目名称	项目特征	单位	工程量表达式	表达式说明	措施项
1	⊟ 010505008	项	阳台上雨篷栏板(体积)	1. C30:	m3	TJ	TJ<体积>	☐
2	子目1	补	阳台上雨棚栏板(体积)		m3	TJ	TJ<体积>	☐
3	⊟ 011702023	项	阳台上雨篷栏板(模板面积)	1. 普通模板:	m2	MBMJ	MBMJ<模板面积>	☑
4	子目1	补	阳台上雨棚栏板(模板面积)		m2	MBMJ	MBMJ<模板面积>	☑

图 4-4

2. 画阳台雨篷栏板

(1) 打辅助轴线 要画阳台上雨篷的立板,首先要找到雨篷栏板的中心线,从建施-07 可以看出,雨篷左立板中心线在 1 轴线左侧 50 处,雨篷右立板中心线就在 3 轴线右侧 50 处,阳台前栏板中心线距离 E 轴线的距离为 1550,需要先打三条辅助轴线,如图 4-5 所示。

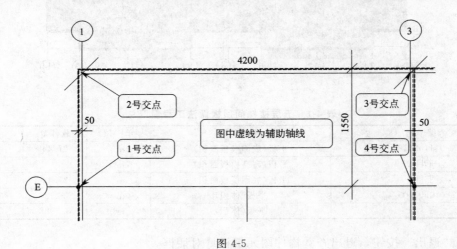

图 4-5

(2) 画阳台下栏板 在画栏板状态下,选择"LB100×180"名称→单击"直线"按钮→单击图 4-5 中的 1 号交点→单击 2 号交点→单击 3 号交点→单击 4 号交点→单击右键结束,这样阳台上的雨篷立板就画好了,如图 4-6 所示。

(3) 镜像 1~3 轴阳台雨篷栏板到 5~7 轴位置 要将其镜像到 6~7 位置,操作步骤如下:

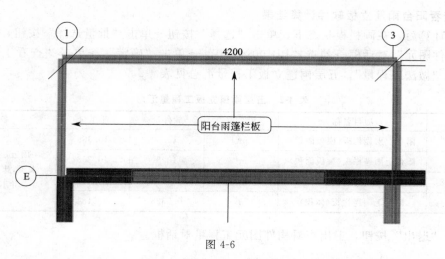

图 4-6

单击"选择"按钮→单击"批量选择"按钮，弹出"批量选择构件图元"对话框→勾选"LB100×180"→单击"确定"→单击右键，弹出右键菜单→单击"镜像"→单击 4 轴上任意两点，弹出"确认"对话框→单击"否"，这样 1～3 轴的雨篷立板就镜像到 5～7 轴线了，如图 4-7 所示。

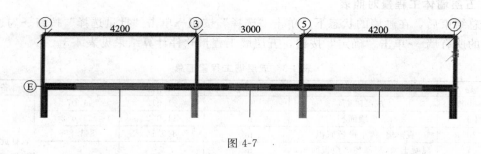

图 4-7

（4）复制 1～7 轴雨篷立板到 8～14 轴位置　现在将 1～7 轴雨篷立板复制到 8～14 轴位置上，操作步骤如下：

单击"选择"按钮→单击"批量选择"按钮，弹出"批量选择构件图元"对话框→勾选"LB100×180"→单击"确定"→单击右键，弹出右键菜单→单击"复制"→单击 1/E 交点→单击 8/E 交点→单击右键结束。这样 1～7 轴的阳台雨篷立板就复制到 8～14 轴线了，如图 4-8 所示。

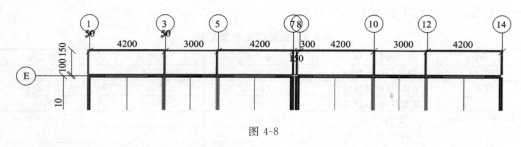

图 4-8

（5）删除画雨篷立板时用的辅助轴线

为了保持图面整洁，删除画雨篷立板时用的辅助轴线。

3. 查看阳台雨篷立板软件计算结果

汇总计算后，在画栏板状态下，单击"选择"按钮→单击"批量选择"按钮，弹出"批量选择构件图元"对话框→勾选"LB100×180"→单击"确定"→单击"查看工程量"按钮→单击"做法工程量"，五层雨篷立板工程量汇总见表 4-2。

表 4-2　五层雨篷立板工程量汇总

编　码	项目名称	单　位	软件量	手工量	备　注
011702023	阳台上雨篷栏板(模板面积)	m²	10.8	10.368	因五层女儿墙未画,此处栏板量并不准确
子目 1	阳台上雨篷栏板(模板面积)	m²	10.8	10.368	
010505008	阳台上雨篷栏板(体积)	m³	0.5328	0.5184	
子目 1	阳台上雨篷栏板(体积)	m³	0.5328	0.5184	

单击"退出"按钮，退出查看构件图元工程量对话框。

五、五层主体部分手工软件对比表

到此为止，已经画完了五层主体的所有构件，下面我们逐一看一下五层主体构件与手工工程量的对比。

1. 五层墙体工程量对照表

汇总结束后，在画墙的状态下，单击"选择"按钮→单击"批量选择"按钮→勾选除虚墙以外的所有墙→单击"确定"按钮，五层墙工程量软件计算结果见表 4-3。

表 4-3　五层墙工程量汇总

编　码	项目名称	单　位	软件量	手工量	备注
011210005	成品隔断	m²	11.072	11.072	软件此版本计算墙模板有误
子目 1	条板墙面积	m²	11.072	11.072	
011702011	直形墙(清单模板面积)	m²	849.16	841.856	
子目 2	混凝土墙(定额超高模板面积)	m²	0		
子目 1	混凝土墙(定额模板面积)	m²	849.16	41.856	
010504001	直形墙(清单体积)	m³	86.176	86.176	
子目 1	混凝土墙(定额体积)	m³	86.176	86.176	

单击"退出"按钮，退出查看构件图元工程量对话框。

2. 五层门工程量对照表

在画门的状态下，单击"选择"按钮→单击"批量选择"按钮→勾选所有的门→单击"确定"按钮，五层门工程量汇总见表 4-4。

表 4-4　五层门工程量汇总

编　码	项目名称	单　位	软件量	手工量
010802004	防盗门(洞口面积)	m²	7.56	7.56
子目 1	防盗门(框外围面积)	m²	7.56	7.56
子目 2	后塞口(框外围面积)	m²	7.56	7.56
010802001	金属(塑钢)门	m²	21	21
子目 2	后塞口(框外围面积)	m²	21	21
子目 1	制安(框外围面积)	m²	21	21
010801001	木质门(洞口面积)	m²	35.64	35.64
子目 3	后塞口(框外围面积)	m²	35.64	35.64

续表

编码	项目名称	单　位	软件量	手工量
子目5	五金	樘	16	16
子目4	油漆（框外围面积）	m²	35.64	35.64
子目2	运输（框外围面积）	m²	35.64	35.64
子目1	制安（框外围面积）	m²	35.64	35.64

单击"退出"按钮，退出查看构件图元工程量对话框。

3. 五层窗工程量对照表

在画窗的状态下，单击"选择"按钮→单击"批量选择"按钮→勾选所有的窗→单击"确定"按钮，五层窗工程量汇总见表4-5。

表4-5　五层窗工程量汇总

编　码	项目名称	单　位	软件量	手工量	备注
010807001	金属（塑钢、断桥）窗	m²	7.2	7.2	不包括楼梯间窗，软件算入四层
子目2	后塞口	m²	7.2	7.2	
子目1	制安	m²	7.2	7.2	

单击"退出"按钮，退出查看构件图元工程量对话框。

4. 五层板工程量对照表

在画板的状态下，单击"选择"按钮→单击"批量选择"按钮→只勾选"B-120"→单击"确定"按钮，五层板工程量汇总见表4-6。

表4-6　五层板工程量汇总

编　码	项目名称	单　位	软件量	手工量	备注
011702016	平板（底面模板面积）	m²	216.72	216.72	
子目2	平板（超高模板面积）	m²	0	0	
子目1	平板（底面模板面积）	m²	216.72	216.72	
010505003	平板（体积）	m³	26.0064	26.007	正常误差
子目1	平板（体积）	m³	26.0064	26.007	

单击"退出"按钮，退出查看构件图元工程量对话框。

5. 五层阳台雨篷板工程量对照表

在画板的状态下，单击"选择"按钮→单击"批量选择"按钮→只勾选"阳台板"→单击"确定"按钮，五层阳台板工程量软件计算结果见表4-7。

表4-7　五层阳台板工程量汇总

编　码	项目名称	单　位	软件量	手工量
011702023	雨篷、悬挑板、阳台板（模板面积）	m²	26.4	26.4
子目2	阳台板（超高模板面积）	m²	0	0
子目1	阳台板（模板面积）	m²	29.952	29.952
010505008	雨篷、悬挑板、阳台板（体积）	m³	3.168	3.168
子目1	阳台板（体积）	m³	3.168	3.168

单击"退出"按钮，退出查看构件图元工程量对话框。

6. 五层飘窗工程量对照表

在画带形窗的状态下,单击"选择"按钮→单击"批量选择"按钮→只勾选"PC-1"→单击"确定"按钮,五层飘窗工程量汇总见表4-8。

表4-8 五层飘窗工程量汇总

编　码	项目名称	单　位	软件量	手工量
010807001	金属(塑钢、断桥)窗	m²	22.4	22.4
子目3	后塞口	m²	22.4	22.4
子目2	运输	m²	22.4	22.4
子目1	制作	m²	22.4	22.4

单击"退出"按钮,退出查看构件图元工程量对话框。

7. 五层飘窗底板工程量对照表

在画板的状态下,单击"选择"按钮→单击"批量选择"按钮→只勾选"飘窗底板"→单击"确定"按钮,五层飘窗底板工程量汇总见表4-9。

表4-9 五层飘窗底板工程量汇总

编　码	项目名称	单　位	软件量	手工量
011001003	保温隔热墙面(面积)	m²	9.84	9.84
子目1	飘窗底板保温(面积)	m²	9.84	9.84
011702020	其他板	m²	8.32	8.32
子目2	飘窗底板(超高模板面积)	m²	0	0
子目1	飘窗底板(模板面积)	m²	8.32	8.32
010505010	其他板(体积)	m³	0.672	0.672
子目1	飘窗底板(体积)	m³	0.672	0.672
011201002	墙面装饰抹灰	m²	9.84	9.84
子目1	1:3水泥砂浆打底	m²	9.84	9.84
子目2	涂料面层	m²	9.84	9.84

单击"退出"按钮,退出查看构件图元工程量对话框。

8. 五层飘窗顶板工程量对照表

在画板的状态下,单击"选择"按钮→单击"批量选择"按钮→只勾选"飘窗顶板"→单击"确定"按钮,五层飘窗顶板工程量汇总见表4-10。

表4-10 五层飘窗顶板工程量汇总

编　码	项目名称	单　位	软件量	手工量
011001003	保温隔热墙面(面积)	m²	9.84	9.84
子目1	飘窗顶板保温(面积)	m²	9.84	9.84
011702020	其他板	m²	8.32	8.32
子目2	飘窗顶板(超高模板面积)	m²	0	0
子目1	飘窗顶板(模板面积)	m²	8.32	8.32
010505010	其他板(体积)	m³	0.672	0.672
子目1	飘窗顶板(体积)	m³	0.672	0.672
011201002	墙面装饰抹灰	m²	3.12	3.12
子目1	防水砂浆上喷涂料	m²	3.12	3.12
010902003	屋面刚性层(面积)	m²	9.84	9.84
子目1	防水砂浆(面积)	m²	9.84	9.84

单击"退出"按钮,退出查看构件图元工程量对话框。

9. 五层阳台栏板工程量对照表

在画栏板的状态下，单击"选择"按钮→单击"批量选择"按钮→只勾选"LB100×900"→单击"确定"按钮，五层阳台栏板工程量汇总见表 4-11。

表 4-11　五层阳台栏板工程量汇总

编　码	项目名称	单　位	软件量	手工量
011702021	栏板（模板面积）	m²	51.84	51.84
子目 1	阳台栏板（模板面积）	m²	51.84	51.84
010505006	栏板（体积）	m³	2.592	2.592
子目 1	阳台栏板（体积）	m³	2.592	2.592

单击"退出"按钮，退出查看构件图元工程量对话框。

10. 五层阳台窗工程量对照表

在画带形窗的状态下，单击"选择"按钮→单击"批量选择"按钮→只勾选"阳台窗"→单击"确定"按钮，五层阳台窗工程量汇总见表 4-12。

表 4-12　五层阳台窗工程量汇总

编　码	项目名称	单　位	软件量	手工量
010807001	金属（塑钢、断桥）窗	m²	54.144	54.144
子目 3	后塞口	m²	54.144	54.144
子目 2	运输	m²	54.144	54.144
子目 1	制作	m²	54.144	54.144

单击"退出"按钮，退出查看构件图元工程量对话框。

六、画楼梯间装修

五层虽然没有楼梯，但是楼梯间还是要装修的，参考建施-13 的 1—1 剖面图，楼梯间装修还是分成楼层平台位置与楼梯斜跑位置两个房间来装修。楼层平台位置相当于一个正常的房间，楼梯斜跑位置只有墙面和天棚，没有地面，先把四层定义好的"楼梯间（平台位置）"和"楼梯间（楼梯位置）"两个房间复制到五层。

1. 复制四层组合好的楼梯间房间到五层

复制四层定义好的房间构件操作步骤如下：

在画房间的状态下，单击"构件"下拉菜单→单击"从其他楼层复制构件"，弹出"从其他楼层复制构件"对话框，软件默认"源楼层"就在第 4 层上→在"复制构件"框的空白处单击右键→单击"全部取消"→只勾选"楼梯间（平台位置）"、"楼梯间（楼梯位置）"，如图 4-9 所示→单击"确定"，弹出"提示"对话框→单击"确定"，这样楼梯间的装修件就复制好了。

2. 修改"楼梯间（楼梯位置）做法"

这时"楼梯间（楼梯位置）"虽然复制上来了，但是做法并不对，只有墙面、没有天棚，要给其添上天棚，如图 4-10 所示。

3. 画楼梯间装修

单击"绘图"进入绘图界面→选择"楼梯间（平台位置）"名称→单击"点"按钮→分别单击两个楼梯间的平台位置→选择"楼梯间（楼梯位置）"名称→单击"点"按钮→分别单击两个楼梯间斜跑位置。画好的楼梯间装修如图 4-11 所示。

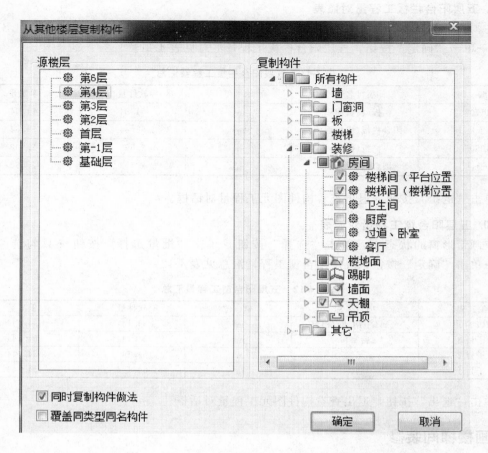

图 4-9

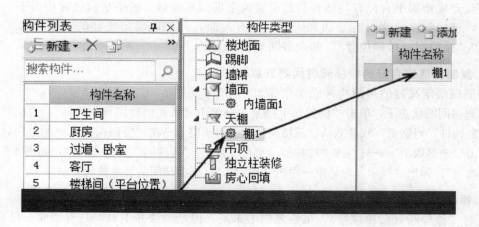

图 4-10

4. 查看楼梯间装修软件计算结果

汇总结束后，单击"选择"按钮结束原来所有操作→单击一个楼梯间（平台位置）房间→单击"查看工程量"→单击"做法工程量"，五层楼梯间（平台位置）房间装修工程量汇总见表4-13。

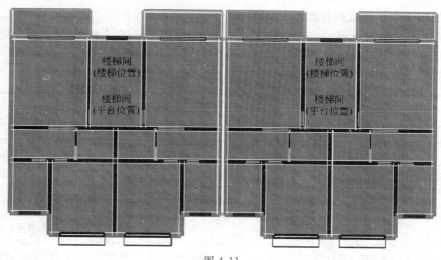

图 4-11

表 4-13 五层楼梯间（平台位置）房间装修工程量汇总

编　码	项目名称	单　位	软件量	手工量
011102003	块料楼地面	m²	3.344	3.344
子目 1	防滑地砖	m²	3.344	3.344
011301001	天棚抹灰	m²	3.164	3.164
子目 1	刮耐水腻子	m²	3.164	3.164
子目 2	刷耐擦洗涂料	m²	3.164	3.164
011201002	墙面装饰抹灰	m²	10.2868	10.287
子目 1	9 厚 1∶3 水泥砂浆打底扫毛	m²	10.2868	10.287
子目 2	喷水性耐擦洗涂料	m²	10.9408	10.941
011105003	块料踢脚线	m	3.66	3.66
子目 1	5～10 厚地砖踢脚	m	3.66	3.66

单击"退出"按钮，退出查看构件图元工程量对话框。

单击"选择"按钮，结束原来所有操作→单击一个楼梯间（楼梯位置）房间→单击"查看工程量"→单击"做法工程量"，五层楼梯间（楼梯位置）房间装修工程量汇总见表 4-14。

表 4-14 五层楼梯间（楼梯位置）房间装修工程量汇总

编　码	项目名称	单　位	软件量	手工量
011301001	天棚抹灰	m²	10.556	10.556
子目 1	刮耐水腻子	m²	10.556	10.556
子目 2	刷耐擦洗涂料	m²	10.556	10.556
011201002	墙面装饰抹灰	m²	27.6652	27.6652
子目 1	9 厚 1∶3 水泥砂浆打底扫毛	m²	27.6652	27.6652
子目 2	喷水性耐擦洗涂料	m²	27.9652	27.9652

注：此处只是一个楼梯间（包括平台位置和斜跑位置）的装修工程量。

单击"退出"按钮，退出查看构件图元工程量对话框。

七、查看五层其他房间软件计算结果

因五层层高变化，房间装修的工程量也随之变化，现在把五层每个房间的工程量再与手工的工程量核对一遍。

1. 五层阳台内装修软件计算结果

单击"选择"按钮→单击一个阳台房间的任意一点→单击"查看工程量"按钮→单击"做法工程量",五层阳台装修工程量汇总见表 4-15。

表 4-15 五层阳台装修工程量汇总

编码	项目名称	单位	软件量	手工量	备注
010501001	垫层	m³	0.2352	0.2352	
子目 1	40 厚陶粒混凝土垫层	m³	0.2352	0.2352	
011102001	石材楼地面	m²	6.13	6.13	
子目 1	花岗石楼面	m²	6.13	6.13	
011301001	天棚抹灰	m²	6.235	6.235	
子目 1	刮耐水腻子	m²	6.235	6.235	
子目 2	刷耐擦洗涂料	m²	6.235	6.235	
011201002	墙面装饰抹灰	m²	13.143	13.008	软件未扣除栏板与墙相交面积
子目 1	9 厚 1:3 水泥砂浆打底扫毛	m²	13.143	13.008	$(0.1+0.05)\times0.9=0.135$
子目 2	喷水性耐擦洗涂料	m²	12.908	12.778	软件未扣除栏板与墙相交面积 $(0.1+0.05)\times0.8=0.12$
011105002	石材踢脚线	m	8.9	8.9	
子目 1	花岗石踢脚	m	8.9	8.9	

注:此处只是一个阳台装修的工程量。

单击"退出"按钮,退出查看构件图元工程量对话框。

思考题(答案请加企业 QQ800014859 索取):软件在计算外墙装修时候是否扣除与栏板相交面积?

2. 五层客厅装修软件计算结果

单击"选择"按钮→单击一个客厅房间的任意一点→单击"查看工程量"按钮→单击"做法工程量",五层客厅装修工程量汇总见表 4-16。

表 4-16 五层客厅装修工程量汇总

编码	项目名称	单位	软件量	手工量
010501001	垫层	m³	0.784	0.784
子目 1	40 厚陶粒混凝土垫层	m³	0.784	0.784
011102001	石材楼地面	m²	20.09	20.09
子目 1	花岗石楼面	m²	20.09	20.09
011301001	天棚抹灰	m²	19.6	19.6
子目 1	刮耐水腻子	m²	19.6	19.6
子目 2	刷耐擦洗涂料	m²	19.6	19.6
011201002	墙面装饰抹灰	m²	38.894	38.894
子目 1	9 厚 1:3 水泥砂浆打底扫毛	m²	38.894	38.894
子目 2	喷水性耐擦洗涂料	m²	39.334	39.334
011105002	石材踢脚线	m	13.5	13.5
子目 1	花岗石踢脚	m	13.5	13.5

注:此处只是一个客厅装修的工程量。

单击"退出"按钮,退出查看构件图元工程量对话框。

3. 五层过道装修软件计算结果

单击"选择"按钮→单击一个过道房间的任意一点→单击"查看工程量"按钮→单击"做法工程量"，五层过道装修工程量汇总见表4-17。

表 4-17　五层过道装修工程量汇总

编　码	项目名称	单　位	软件量	手工量
010501001	垫层	m³	0.2144	0.2144
子目 1	40 厚陶粒混凝土垫层	m³	0.2144	0.2144
011102003	块料楼地面	m²	5.73	5.73
子目 1	地砖楼面	m²	5.73	5.73
011301001	天棚抹灰	m²	5.36	5.36
子目 1	刮耐水腻子	m²	5.36	5.36
子目 2	刷耐擦洗涂料	m²	5.36	5.36
011201002	墙面装饰抹灰	m²	18.612	18.612
子目 1	9 厚 1:3 水泥砂浆打底扫毛	m²	18.612	18.612
子目 2	喷水性耐擦洗涂料	m²	19.852	19.852
011105003	块料踢脚线	m	6.5	6.5
子目 1	5～10 厚地砖踢脚	m	6.5	6.5

注：此处只是一个过道装修的工程量。

单击"退出"按钮，退出查看构件图元工程量对话框。

4. 五层卫生间装修软件计算结果

因为五层房间是从四层复制上来的，层高变化软件会自动将五层的吊顶离地高度改成2600，要将其修改到2500，操作步骤如下：

在画吊顶的状态下，选中五层的 4 个卫生间吊顶，在属性里将离地高度改为 2500，然后重新汇总。

汇总结束后，在画房间的状态下，单击"选择"按钮→单击一个卫生间房间的任意一点→单击"查看工程量"按钮→单击"做法工程量"，五层卫生间装修工程量汇总见表4-18。

表 4-18　五层卫生间装修工程量汇总

编　码	项目名称	单　位	软件量	手工量
011102003	块料楼地面	m²	3.32	3.32
子目 2	1.5 厚聚氨酯防水	m²	3.32	3.32
子目 3	20 厚 1:3 水泥砂浆找平	m²	3.32	3.32
子目 1	防滑地砖楼面	m²	3.32	3.32
011302001	吊顶天棚	m²	3.28	3.28
子目 1	0.8～1.0 铝合金条板	m²	3.28	3.28
子目 2	U 型轻钢龙骨	m²	3.28	3.28
011204003	块料墙面	m²	16.82	16.82
子目 2	1.5 厚聚氨酯防水	m²	18.03	18.03
子目 3	5 厚釉面砖面层	m²	16.82	16.82
子目 1	6 厚 1:2.5 水泥砂浆抹平	m2	18.03	18.03

注：此处只是一个卫生间装修的工程量。

单击"退出"按钮，退出查看构件图元工程量对话框。

5. 五层厨房装修软件计算结果

厨房与卫生间一样，也要将吊顶离地高度修改到 2500，然后重新汇总。汇总结束后，在画房间的状态下，单击"选择"按钮→单击一个厨房房间的任意一点→单击"查看工程量"按钮→单击"做法工程量",五层厨房装修工程量汇总见表 4-19。

表 4-19　五层厨房装修工程量汇总

编　码	项目名称	单　位	软件量	手工量
010501001	垫层	m³	0.2128	0.2128
子目 1	40 厚陶粒混凝土垫层	m²	0.2128	0.2128
011102003	块料楼地面	m²	5.41	5.41
子目 1	10 厚地砖楼面	m²	5.41	5.41
011302001	吊顶天棚	m²	5.32	5.32
子目 1	0.8～1.0 铝合金条板	m²	5.32	5.32
子目 2	U 型轻钢龙骨	m²	5.32	5.32
011204003	块料墙面	m²	20.86	20.86
子目 2	5 厚釉面砖面层	m²	20.86	20.86
子目 1	6 厚 1∶2.5 水泥砂浆抹平	m²	21.69	21.69

注：此处只是一个厨房装修的工程量。

单击"退出"按钮，退出查看构件图元工程量对话框。

6. 五层卧室装修软件计算结果

单击"选择"按钮→单击一个卧室房间的任意一点→单击"查看工程量"按钮→单击"做法工程量"，五层卧室装修工程量汇总见表 4-20。

表 4-20　五层卧室装修工程量汇总

编　码	项目名称	单　位	软件量	手工量	备注
010501001	垫层	m³	0.544	0.544	
子目 1	40 厚陶粒混凝土垫层	m³	0.544	0.544	
011102003	块料楼地面	m²	13.69	13.69	
子目 1	地砖楼面	m²	13.69	13.69	
011301001	天棚抹灰	m²	13.6	13.6	
子目 1	刮耐水腻子	m²	13.6	13.6	
子目 2	刷耐擦洗涂料	m²	13.6	13.6	
011201002	墙面装饰抹灰	m²	35.504	35.504	
子目 1	9 厚 1∶3 水泥砂浆打底扫毛	m²	35.504	35.504	
子目 2	喷水性耐擦洗涂料	m²	35.404	35.154	手工未算窗台板的侧壁
011105003	块料踢脚线	m	14.1	14.1	
子目 1	5～10 厚地砖踢脚	m	14.1	14.1	

注：此处只是一个卧室装修的工程量。

单击"退出"按钮，退出查看构件图元工程量对话框。

思考题（答案请加企业 QQ800014859 索取）：软件在计算洞口的侧壁面积时是按几条边计算的，如果某窗有窗台板，软件是否会考虑？

八、画五层雨篷立板外装修

1. 画五层雨篷立板外装修

因五层阳台上雨篷有立板，立板装修应与阳台栏板装修一致，把阳台的装修做法复制一下变成雨篷栏板装修，操作步骤如下：

在"构件名称"栏目下，选中"外墙面（阳台栏板处）"前面的数字→单击右键，弹出右键菜单→单击"复制"，软件自动新建一个构件"外墙面（阳台栏板处）-1"→将其修改成"外墙面（阳台雨篷栏板处）"，如图 4-12 所示。

属性名称	属性值	附加
名称	外墙面（阳台雨篷栏板处	☐
所附墙材质	（程序自动判断）	☐
块料厚度（	0	☐
内/外墙面	外墙面	☐
起点顶标高	墙顶标高	☐
终点顶标高	墙顶标高	☐
起点底标高	墙底标高	☐
终点底标高	墙底标高	☐

	编码	类别	项目名称	项目特征	单位	工程量	表达式说明	措施
1	─ 011201002	项	墙面装饰抹灰（阳台栏板处）	1. 喷（刷）涂料墙面（外墙1）：	m2	QMMHMJ	QMMHMJ<墙面抹灰面积>	☐
2	子目1	补	刮涂柔性耐水腻子		m2	QMMHMJ	QMMHMJ<墙面抹灰面积>	☐
3	子目2	补	喷(刷)外墙涂料		m2	QMKLMJ	QMKLMJ<墙面块料面积>	☐
4	─ 011001003	项	保温隔热墙面（阳台栏板处）		m2	QMMHMJ	QMMHMJ<墙面抹灰面积>	☐
5	子目1	补	50厚聚苯颗粒保温		m2	QMMHMJ	QMMHMJ<墙面抹灰面积>	☐

图 4-12

接下来画阳台上雨篷栏板装修，操作步骤如下：

在画墙面的状态下，选择"外墙面（阳台雨篷栏板处）"名称→单击"点"按钮→分别单击雨篷立板的 10 个边（伸缩缝处不装修），装修好的雨篷立板如图 4-13 所示。

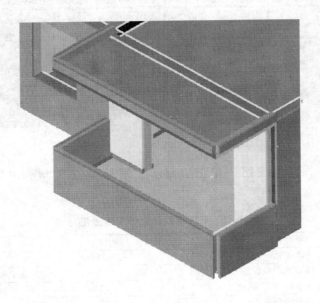

图 4-13

2. 查看雨篷立板外装修软件计算结果

汇总结束后，在画墙面的状态下，单击"选择"按钮→单击"批量选择按钮"→只勾选"外墙面（阳台雨篷栏板处）"→单击"确定"→单击"查看工程量"按钮→单击"做法工程量"，五层雨篷立板外装修工程量汇总见表4-21。

表 4-21   五层雨篷立板外装修工程量汇总

编　码	项目名称	单　位	软件量	备注
011001003	保温隔热墙面（阳台栏板处）	m²	4.95	因为此时屋面层
子目 1	50 厚聚苯颗粒保温	m²	4.95	女儿墙未画，
011201002	墙面装饰抹灰（阳台栏板处）	m²	4.95	阳台上雨篷装修
子目 1	刮涂柔性耐水腻子	m²	4.95	量并不准，等画完屋面
子目 2	喷（刷）外墙涂料	m²	4.95	层的构件后再核对此量

单击"退出"按钮，退出查看构件图元工程量对话框。

九、查看五层外墙装修软件计算结果

五层因层高变成了 2.9m，相应的外墙装修也会发生变化，我们来查看一下五层外墙面装修的工程量。

在画墙面的状态下，单击"选择"按钮→分别单击五层所有的外墙面（阳台与雨篷栏板除外），如图 4-14 所示中的椭圆处。

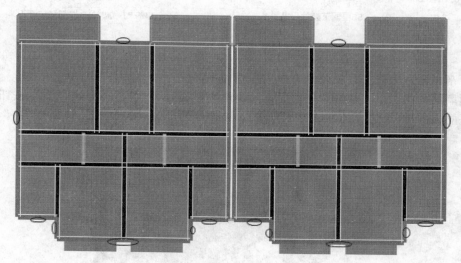

图 4-14

→单击"查看工程量"按钮→单击"做法工程量"，五层墙面外装修工程量汇总见表4-22。

表 4-22   五层墙面外装修工程量汇总

编　码	项目名称	单　位	软件量	手工量	备注
011001003	保温隔热墙面（外墙处）	m²	129.796	129.796	
子目 1	50 厚聚苯颗粒保温	m²	129.796	129.796	
011001003	保温隔热墙面（阳台栏板处）	m²	27.132	27.132	
子目 1	50 厚聚苯颗粒保温	m²	27.132	27.132	
011201002	墙面装饰抹灰（外墙处）	m²	129.796	129.796	

续表

编　码	项目名称	单　位	软件量	手工量	备注
子目1	刮涂柔性耐水腻子	m²	129.796	129.796	
子目2	喷（刷）外墙涂料	m²	132.556＋3.2＝135.756	132.556	软件多算了飘窗侧壁面积 3.2m²
011201002	墙面装饰抹灰（阳台栏板处）	m²	27.132	27.132	
子目1	刮涂柔性耐水腻子	m²	27.132	27.132	
子目2	喷（刷）外墙涂料	m²	27.132	27.132	

单击"退出"按钮，退出查看构件图元工程量对话框。

第二节　屋面层工程量计算

从这一节开始计算屋面层的工程量，屋面层的平面图见建施-08。从平面图可以看出，屋面层有女儿墙和落水管，屋面层要计算的工程量如图4-15所示。

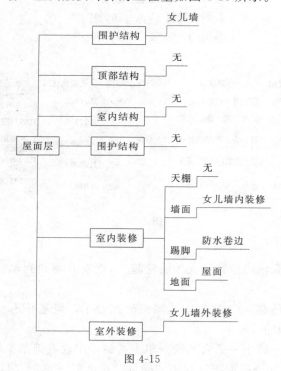

图 4-15

一、画女儿墙

从建施-08的A—A剖面（结构）图、B—B剖面（结构）图可以看出，五层以上的女儿墙为100厚的混凝土墙，需要在屋面层重新定义。

1. 定义女儿墙的属性和做法

将楼层切换到屋面层，在墙里建立女儿墙的属性和做法，定义好的女儿墙的属性和做法如图4-16所示。

属性名称	属性值	附加
名称	女儿墙	
类别	混凝土墙	☐
材质	预拌混凝土	☐
混凝土类型	(预拌混凝土)	☐
混凝土标号	(C30)	☐
厚度(mm)	100	☐
轴线距左墙	(50)	☐
内/外墙标	外墙	☐
模板类型	复合模板	☐
起点顶标高	层顶标高	☐
终点顶标高	层顶标高	☐
起点底标高	层底标高	☐
终点底标高	层底标高	☐
判断短肢剪	程序自动判断	☐
是否为人防	否	☐

	编码	类别	项目名称	项目特	单位	工程量表达式	表达式说明	措施项
1	⊟ 010504001	项	直形墙（清单体积）	1. C30:	m3	JLQTJQD	JLQTJQD〈剪力墙体积（清单）〉	☐
2	└ 子目1	补	混凝土墙（定额体积）		m3	JLQTJ	JLQTJ〈剪力墙体积〉	☐
3	⊟ 011702011	项	直形墙（清单模板面积）	1. 复合模板:	m2	JLQMBMJQD	JLQMBMJQD〈剪力墙模板面积（清单）〉	☑
4	└ 子目1	补	混凝土墙（定额模板面积）		m2	JLQMBMJ	JLQMBMJ〈剪力墙模板面积〉	☑
5	└ 子目2	补	混凝土墙（定额超高模板面积）		m2	CGMBMJ	CGMBMJ〈超高模板面积〉	☑

图 4-16

2. 画女儿墙

（1）先将女儿墙画到轴线位置　先按照建施-08 把女儿墙画到轴线位置，画好的女儿墙如图 4-17 所示。

（2）把女儿墙向外偏移 50　这时女儿墙虽然画好了，但是并不与外墙皮齐，需要向外偏移 50mm，操作步骤如下：

单击"选择"按钮→选中一条女儿墙→单击右键，出现右键菜单→单击"偏移"→用鼠标向外拉→填写偏移值 50→敲回车，弹出"确认"对话框→单击"是"，这样一条墙就偏移到外墙皮了。

用同样的方法偏移其他女儿墙。偏移好的女儿墙如图 4-18 所示。

（3）延伸女儿墙使其相交　这时女儿墙虽然偏移了，但是墙头并没有相交，要用延伸的方法使其相交，操作步骤如下：

在画墙的状态下，单击"延伸"按钮→单击任意一条女儿墙作为目的线→单击与其垂直的另外两条墙（或一条墙），这样女儿墙就延伸过去了，用同样的方式延伸每一条女儿墙，总之使每个角都相交到墙头中心线，如图 4-19 所示。

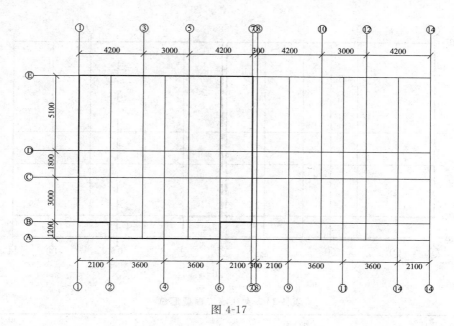

图 4-17

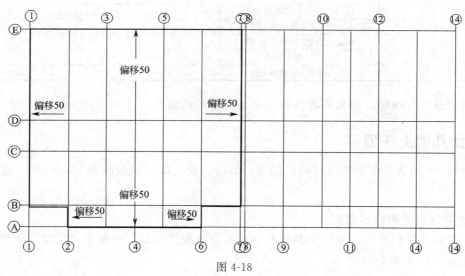

图 4-18

（4）复制女儿墙到 8～14 轴线位置　把画好的女儿墙复制到 8～14 轴线位置，操作步骤如下：

在画墙的状态下，拉框选择所有的女儿墙→单击右键，出现右键菜单→单击"复制"→单击 1/E 交点→单击 8/E 交点→单击右键结束。这样 1～7 轴线的女儿墙就复制到 8～14 轴线位置了，如图 4-20 所示。

3. 查看女儿墙软件计算结果

汇总结束后，在画墙的状态下，拉框选择所有女儿墙→单击"查看工程量"按钮→单击"做法工程量"，女儿墙工程量软件计算结果见表 4-23。

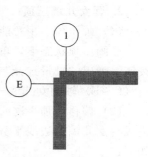

图 4-19

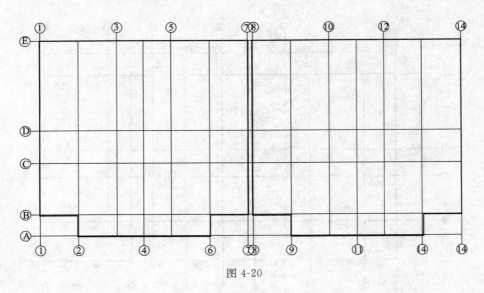

图 4-20

表 4-23 女儿墙工程量汇总

编　码	项目名称	单　位	工程量
011702011	直形墙(清单模板面积)	m²	108.96
子目 2	混凝土墙(定额超高模板面积)	m²	0
子目 1	混凝土墙(定额模板面积)	m²	108.96
010504001	直形墙(清单体积)	m³	5.448
子目 1	混凝土墙(定额体积)	m³	5.448

单击"退出"按钮，退出查看构件图元工程量对话框。

二、画女儿墙上压顶

从建施-08 的 A—A 剖面（结构）图可以看出，女儿墙压顶截面为 180×100，需要先定义压顶。

1. 定义压顶的属性和做法

单击"其他"前面的"▷"将其展开→单击下一级"压顶"→单击"新建"下来菜单→修改名称及属性如图 4-21 所示。

2. 画女儿墙压顶

（1）画压顶　用智能布置的方法画女儿墙压顶，操作步骤如下：

在画压顶状态下，单击"智能布置"下拉菜单→单击"墙中心线"→单击"批量选择"按钮，弹出"批量选择"对话框→勾选女儿墙→单击"确定"→点选取消 7/（B～E）轴、8/（B～E）轴的女儿墙→单击右键结束，这样女儿墙压顶就布置好了。

（2）偏移压顶　这时压顶虽然布置好了，但是并不符合图纸的要求，图纸要求压顶的内边线与女儿墙内边线平齐，要用偏移的方法将压顶偏移到与女儿墙内边线平齐，操作步骤如下：

在画压顶的状态下，单击"对齐"按钮，弹出"单对齐"→单击"单对齐"，这时图形会变成单线状态→这时先单击女儿墙内边线→再单击压顶内边线，压顶就自动偏移到与女儿墙内边线平齐了，用同样的办法偏移所有的压顶，偏移好的压顶如图 4-22 所示。

属性名称	属性值	附加
名称	压顶	
材质	预拌混凝	☐
混凝土类型	(预拌混凝土)	☐
混凝土标号	C30	☐
截面宽度(mm)	180	☐
截面高度(mm)	100	☐
截面面积(m2)	0.018	☐
起点顶标高(m	墙顶标高	☐
终点顶标高(m	墙顶标高	☐
轴线距左边线	(90)	☐

	编码	类别	项目名称	项目特征	单位	工程量表达式	表达式说明	措施
1	− 010504001	项	直形墙（压顶体积）		m3	TJ	TJ<体积>	☐
2	— 子目1	补	女儿墙上压顶体积		m3	TJ	TJ<体积>	☐
3	− 011702021	项	模板	1. 普通模板	m2	MBMJ	MBMJ<模板面积>	☑
4	— 子目1	补	女儿墙模板		m2	MBMJ	MBMJ<模板面积>	☑

图 4-21

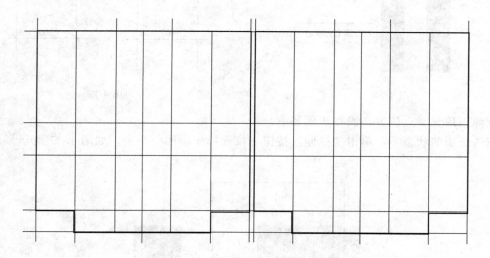

图 4-22

（3）延伸压顶，使所有阳角相交到中心线位置　这时虽然偏移好了，但是并没有相交到压顶头的中心线，如图 4-23 所示。

用延伸的方法将每个阳角都相交到中心线，延伸的方法与延伸女儿墙的方法相同，将每个阳角都延伸到如图 4-24 所示的样子。

（4）拉伸压顶到伸缩缝的外墙皮　伸缩缝处的压顶并未到外墙皮，如图 4-25 所示。

用拉伸的方法将压顶延伸到外墙皮，由于外墙皮处并没有轴线，首先打几条辅轴找到拉伸的交点，如图 4-26 中的 1 号交点和 2 号交点。

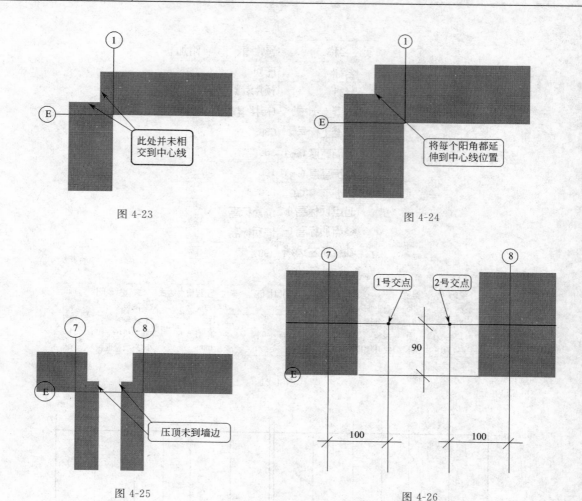

图 4-23

图 4-24

图 4-25

图 4-26

拉伸压顶到交点位置，操作步骤如下。

在画压顶的状态下，单击"拉伸"按钮→拉选择压顶的一个头，如图 4.27 所示。

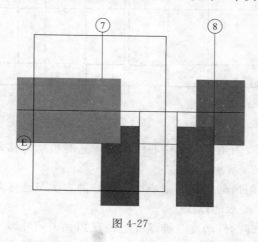

图 4-27

单击选中压顶头的中心点将其拉到图 4-28 中的 1 号交点位置→重新单击"拉伸"按钮
→拉选择另一个压顶的一个头→单击选中压顶头的中心点将其拉到图 4-28 中的 2 号交点

位置。

拉伸后的伸缩缝处的压顶如图 4-28 所示。

三维截图（东北等轴测）如图 4-29 所示。

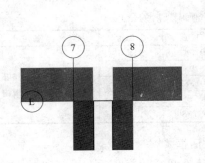

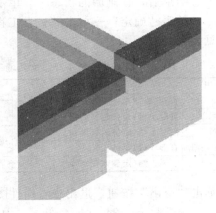

图 4-28　　　　　　　　　　　　　　　　　　图 4-29

用同样的方式拉伸伸缩缝的另一端。

（5）删除延伸压顶所用的辅助轴线　为了保持图面整洁，删除拉伸压顶时用的辅助轴线。画好的压顶全图如图 4-30 所示。

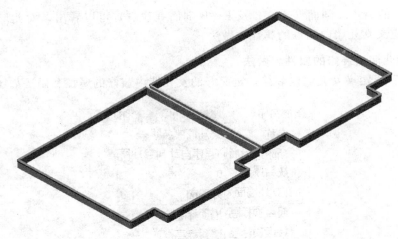

图 4-30

3. 查看压顶软件计算结果

汇总结束后，在画压顶的状态下，单击"选择"按钮→单击"批量选择"按钮→勾选"压顶"→单击"确定"→单击"查看工程量"按钮→单击"做法工程量"，压顶软件计算结果见表 4-24。

表 4-24　压顶工程量汇总表

编码	项目名称	单位	软件量	手工量	备注
010504001	直形墙（压顶体积）	m³	1.2838	1.2838	软件这里将压顶的内侧模板计入女儿墙模板内
子目 1	女儿墙上压顶体积	m³	1.2838	1.2838	
011702011	直形墙	m²	12.9736	20	
子目 1	普通模板	m²	12.9736	20	

单击"退出"按钮，退出查看构件图元工程量对话框。

4. 再次查看女儿墙软件计算结果

汇总结束后，在画墙的状态下，单击"选择"按钮→单击"批量选择"按钮→勾选"女儿墙"→单击"确定"→单击"查看工程量"按钮→单击"做法工程量"，女儿墙软件计算结果见表4-25。

表 4-25　女儿墙工程量汇总表（画压顶后的量）

编码	项目名称	单位	软件量	手工量	备注
011702011	直形墙（清单模板面积）	m²	101.82	94.76	软件在这里把压顶的内侧模板计入墙的模板内
子目2	混凝土墙（定额超高模板面积）	m²	0	0	
子目1	混凝土墙（定额模板面积）	m²	101.82	94.76	
010504001	直形墙（清单体积）	m³	4.738	4.738	
子目1	混凝土墙（定额体积）	m³	4.738	4.738	

单击"退出"按钮，退出查看构件图元工程量对话框。

注：如果把表4-24和表4-25对应起来看，女儿墙及压顶的模板面积是可以对上的。

软件计算的女儿墙和压顶的模板面积＝101.82＋12.9736＝114.9736

手工计算的女儿墙和压顶的模板面积＝94.76＋20＝114.76。二者误差已经很小了。

三、画女儿墙内装修

从建施-08的A—A剖面（建筑）及B—B剖面（建筑）可以看出，女儿墙内装修为外墙2，首先来定义女儿墙内装修的属性和做法。

1. 定义女儿墙内装修的属性和做法

在"墙面"里定义女儿墙内装修，定义好的女儿墙内装修的属性和做法如图4-31所示。

属性名称	属性值	附加
名称	女儿墙内装修	
所附墙材质	(程序自动判断)	☐
块料厚度(	0	☐
内/外墙面	外墙面	☑
起点顶标高	墙顶标高	☐
终点顶标高	墙顶标高	☐
起点底标高	墙底标高	☐
终点底标高	墙底标高	☐

	编码	类别	项目名称	项目特征	单位	工程量表达式	表达式说明	措施项
1	011201001	项	墙面一般抹灰	1.1:3水泥砂浆底，1:2.5水泥砂浆面	m2	QMMHMJ	QMMHMJ<墙面抹灰面积>	☐
2	子目1	补		1.1:3水泥砂浆底，1:2.5水泥砂浆面:	m2	QMMHMJ	QMMHMJ<墙面抹灰面积>	☐

图 4-31

2. 画女儿墙内装修

用点画的方式画女儿墙的内装修，画好的女儿墙内装修如图4-32所示。

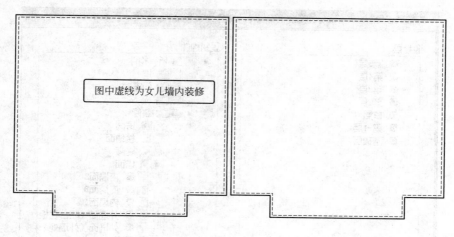

图 4-32

3. 查看女儿墙内装修软件计算结果

汇总结束后，在画墙面的状态下，单击"选择"按钮→单击"批量选择"按钮→勾选"女儿墙内装修"→单击"确定"→单击"查看工程量"按钮→单击"做法工程量"，女儿墙内装修软件计算结果见表 4-26。

表 4-26　女儿墙内装修工程量汇总表

编码	项目名称	单位	软件量	手工量	备注
011201001	墙面一般抹灰	m²	57.5	68.8176	这里软件计算到了女儿墙顶部中心线，而手工把压顶顶部全部归入女儿墙内装修
子目 1	1.1：3 水泥砂浆底，1：2.5 水泥砂浆面	m²	57.5	68.8176	

单击"退出"按钮，退出查看构件图元工程量对话框。

四、女儿墙外装修

从立面图及建施-02 外装修说明可以看出，女儿墙的外装修与五层一样，首先把五层已经定义好的外装修构件复制到屋面层。

1. 从五层复制外墙装修构件到屋面层

在画墙面装修的状态下，单击"构件"下拉菜单→单击"从其他楼层复制构件"，弹出"从其他楼层复制构件"对话框→只勾选"外墙面（外墙处）"，如图 4-33 所示→单击"确定"，弹出"提示"对话框→单击"确定"，这样外墙面（外墙处）构件就复制到屋面层了。

2. 画外墙墙面装修

用点画的方式画外墙装修，这里要画屋面层女儿墙、的外墙装修，要点画的位置如图4-34 所示。

3. 查看五层外墙装修软件计算结果

汇总结束后，在画墙面的状态下，单击"选择"按钮→单击"批量选择"按钮→勾选"外墙面（外墙处）"→单击"确定"→单击"查看工程量"按钮→单击"做法工程量"，女儿墙外装修软件计算结果见表 4-27。

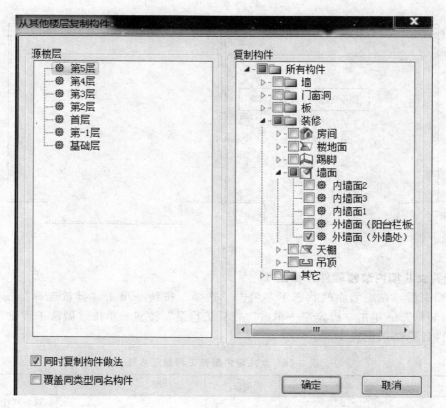

图 4-33

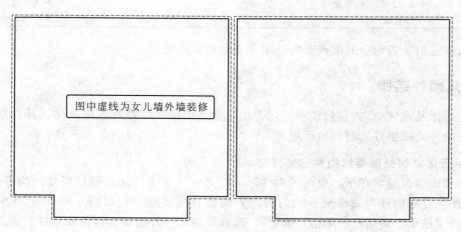

图中虚线为女儿墙外墙装修

图 4-34

表 4-27　女儿墙外装修工程量汇总表

编码	项目名称	单位	软件量	手工量	备注
011001003	保温隔热墙面（外墙处）	m²	57.333	48.642	这里软件外墙装修及保温均计算
子目1	50厚聚苯颗粒保温	m²	57.333	35.7	到了女儿墙顶部中心线，而手工外
011201002	墙面装饰抹灰（外墙处）	m²	57.333	48.642	墙装修把压顶外底和外侧计算给了
子目1	刮涂柔性耐水腻子	m²	57.333	48.642	女儿墙外装修，保温只计算到压
子目2	喷（刷）外墙涂料	m²	57.333	48.642	顶底

单击"退出"按钮，退出查看构件图元工程量对话框。

思考题（答案请加企业 QQ800014859 索取）

软件在计算女儿墙内外装修时分别计算到了哪里？

五、压顶装修

从建施-08 的 A—A 剖面（建筑）可以看出，压顶内侧面与顶面均为女儿墙内装修（外墙2），压顶外侧面及外底面均为女儿墙外装修（外墙1），这样要计算压顶的内侧面面积、顶面面积、外侧面面积、外底面面积，下面具体分析计算方法。

1. 万能公式解释

在讲解此方法之前我们先来了解一个万能公式。所谓万能公式就是已知一个任意形状的周长 $L_{内}$，只要每个角都是直角，如图 4-35 所示，如果每边都往外扩 a，那么 $L_{外}＝L_{内}＋8a$。

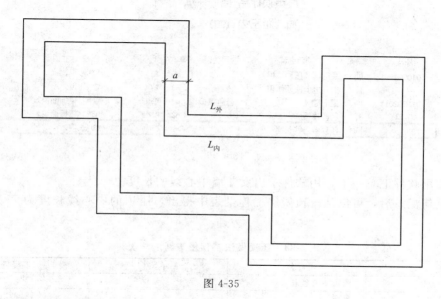

图 4-35

2. 压顶各个面积计算

根据这个万能公式，就可以计算压顶的各个面的面积了。软件在压顶代码里告诉了压顶中心线长度代码为 CD，我们就利用这个 CD 来计算压顶各个边的面积。

压顶内侧面积＝$(CD－8×0.09)×0.1$，其中 0.09 为压顶中心线到内侧的距离，0.1 为压顶的厚度。

压顶顶面积＝$CD×0.18$，其中 0.18 为压顶的宽度。

压顶外侧面积＝$(CD＋8×0.09)×0.1$，其中 0.09 为压顶中心线到内侧的距离，0.1 为压顶的厚度。

压顶外底面积＝$(CD＋8×0.05)×0.08$，其中 0.05 为压顶中心线到外底中心线的距离，0.08 为压顶外底宽度。

3. 用软件求压顶中心线长度

有了以上计算方法，只要把压顶中心线长度计算出来，就可以利用这个中心线长度计算相应的工程量了。

在压顶做法里增加一个中心线长度代码 CD，让软件首先计算出 CD 的长度，如图 4-36 所示。

属性名称	属性值	附加
名称	压顶	
材质	预拌混凝	☐
砼类型	(预拌砼)	☐
砼标号	C30	☐
截面宽度(	180	☐
截面高度(	100	☐
截面面积(m	0.018	☐
起点顶标高	墙顶标高	☐
终点顶标高	墙顶标高	☐
轴线距左边	(90)	☐

	编码	类别	项目名称	项目特征	单位	工程量表达式	表达式说明	措施
1	☐ 010504001	项	直形墙（压顶体积）		m3	TJ	TJ<体积>	☐
2	子目1	补	女儿墙上压顶体积		m3	TJ	TJ<体积>	☐
3	☐ 011702011	项	直形墙	1. 普通模板:	m2	MBMJ	MBMJ<模板面积>	☑
4	子目1	补	普通模板		m2	MBMJ	MBMJ<模板面积>	☑
5	B002	补项	压顶中心线长度		m	CD	CD<长度>	☐

图 4-36

这时候用软件汇总一下，用软件求出女儿墙中心线的长度。

软件重新汇总后，可以从压顶做法工程量表中得出，压顶的中心线长度为 71.32m，见表 4-28。

表 4-28　压顶做法工程量重新汇总表

编码	项目名称	单位	工程量
B002	压顶中心线长度	m	71.32
011702011	直形墙	m²	12.9736
子目 1	普通模板	m²	12.9736
010504001	直形墙（压顶体积）	m³	1.2838
子目 1	女儿墙上压顶体积	m³	1.2838

4. 在表格输入法力计算压顶装修工程量

有了压顶中心线后，就可以利用表格输入法里计算压顶的中心工程量了。操作步骤如下：

单击"表格输入"→单击其他前面的"△"使其展开→单击"压顶"→单击"新建"，软件自动会生成"YD-1"，在右侧添加清单定额，如图 4-37 所示。

思考题（答案请加企业 QQ800014859 索取）

为什么不能根据万能公式的思路用画图的方法解决压顶装修问题？

六、画屋面

从建施-8 可以看出，屋面做法为屋面 1，在首层做雨篷屋面的时候就定义过屋面 1，现

	编码	类别	项目名称	项目特征	单位	工程量表达式	工程量	措施
1	⊟ 011201001	项	墙面一般抹灰（压顶内侧面积）	1. 外墙1:	m2	(71.32-0.09*8)*0.1	7.06	☐
2	子目1	补	墙面一般抹灰（压顶内侧面积）		m2	(71.32-0.09*8)*0.1	7.06	☐
3	⊟ 011201001	项	墙面一般抹灰（压顶顶面积）	1. 外墙2:	m2	71.32*0.18	12.8376	☐
4	子目1	补	墙面一般抹灰（压顶顶面积）		m2	71.32*0.18	12.8376	☐
5	⊟ 011201001	项	墙面一般抹灰（压顶外侧面积）	1. 外墙2不含保温:	m2	(71.32+0.09*8)*0.1	7.204	☐
6	子目1	补	墙面一般抹灰（压顶外侧面积）		m2	(71.32+0.09*8)*0.1	7.204	☐
7	⊟ 011201001	项	墙面一般抹灰（压顶外底面积）	1. 外墙2不含保温:	m2	(71.32+0.05*8)*0.08	5.7376	☐
8	子目1	补	墙面一般抹灰（压顶外底面积）		m2	(71.32+0.05*8)*0.08	5.7376	☐

图 4-37

在把首层定义好的屋面 1 复制到屋面层就可以了。

1. 复制首层定义好屋面 1 到屋面层

单击"构件"下来菜单→单击"从其他楼层复制构件"，弹出"从其他楼层复制构件"对话框→单击"源楼层"下的"首层"→只勾选"屋面 1"，如图 4-38 所示。

图 4-38

单击"确定"，弹出"提示"对话框→单击"确定"单击"确定"，这样屋面 1 就从首层复制到屋面层了。根据建施-08，将珍珠岩的平均厚度修改为 0.087，如图 4-39 所示。

属性名称	属性值	附加
名称	屋面1	
顶标高(m)	层底标高	☐

	编码	类别	项目名称	项目特征	单位	工程量表	表达式说明	措施项
1	⊟ 011001001	项	保温隔热屋面	1. 屋面1:	m2	MJ	MJ〈面积〉	☐
2	子目1	补	SBS防水层(3mm+3mm)		m2	FSMJ	FSMJ〈防水面积〉	☐
3	子目2	补	20厚1:3砂浆找平		m2	FSMJ	FSMJ〈防水面积〉	☐
4	子目3	补	水泥珍珠岩找2%坡，最薄处30厚		m3	MJ*0.087	MJ〈面积〉*0.087	☐
5	子目4	补	50厚聚苯乙烯泡沫塑料板		m3	MJ*0.05	MJ〈面积〉*0.05	☐
6	子目5	补	20厚1:3砂浆找平		m2	MJ	MJ〈面积〉	☐

图 4-39

注：定义屋面时软件默认的是顶板顶标高，要将其修改成层底标高。

2. 画屋面 1

在画屋面的状态下，选择"屋面1"名称→点击"点"按钮→分两次点击女儿墙内任意位置→单击右键结束，这样屋面1就布置上了。

这时候屋面1虽然布置好了，但是并没有卷边，从建施-08 的 A—A 剖面（建筑）、B—B 剖面（建筑）可以看出屋面每边需要卷边 250，操作步骤如下。

在画屋面的状态下，单击"定义屋面卷边"下拉菜单→单击"设置所有边"→分别单击两个屋面→单击右键，弹出"请输入屋面卷边高度"对话框→填写卷边高度 250→单击"确定"，这样屋面1卷边就画好了。

画好的屋面 1 如图 4-40 所示。

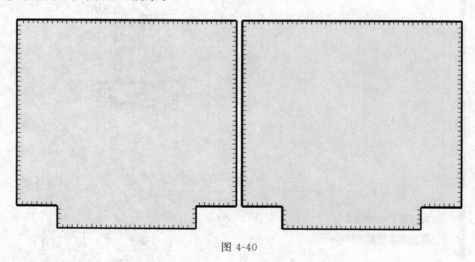

图 4-40

调整屋面为层底标高。

3. 查看屋面 1 软件计算结果

查看屋面 1 软件计算结果。汇总结束后，在画屋面的状态下，单击"选择"按钮→单击"批量选择"按钮→勾选"屋面1"→单击"确定"→单击"查看工程量"按钮→单击"做法工程量"，屋面 1 软件计算结果见表 4-29。

表 4-29 屋面 1 工程量汇总表

编码	项目名称	单位	软件量	手工量
011001001	保温隔热屋面	m²	243	243
子目 2	20 厚 1:3 砂浆找平	m²	265.5	265.5
子目 5	20 厚 1:3 砂浆找平	m²	243	243
子目 4	50 厚聚苯乙烯泡沫塑料板	m³	12.15	12.15
子目 1	SBS 防水层(3mm+3mm)	m²	265.5	265.5
子目 3	水泥珍珠岩找 2%坡，最薄处 30 厚	m³	21.141	21.141

单击"退出"按钮，退出查看构件图元工程量对话框。

七、屋面排水管工程量计算

从建施-08 可以看到屋面排水管的位置，如图 4-41 所示。

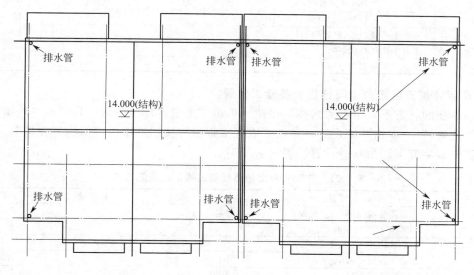

图 4-41

1. 排水管工程量计算

因为有女儿墙一定会出现弯头，弯头接出水口，出水口接水斗，排水管一般应该有个水口，下面应该接个水斗，水斗接排水管。根基计算规则，排水管是从屋面板结构标高计算到室外地坪，本图屋面结构标高为 14.00 室外地坪标高为 -1.2，那么一根排水管高度就是 14.0-(-1.2)=15.2m。

2. 在表格输入法里计算排水管的工程量

软件不能直接画排水管，在表格输入法里计算排水管的工程量，输入好的排水管工程量如图 4-42 所示。

八、重新计算五层阳台上雨篷栏板及装修

在五层已经画了阳台上雨篷栏板及装修，只是由于当时没有画屋面层的女儿墙，这两个量计算不准确，在这里要回到五层重新计算一下这两个工程量。

	编码	类别	项目名称	项目特征	单位	工程量	工程量	措施项
1	☐ 010902004	项	屋面排水管	1. PVC管:	m	15.2*8	121.6	☐
2	子目1	补	屋面排水管		m	15.2*8	121.6	☐
3	子目2	补	PVC弯头		个	8	8	☐
4	子目3	补	铸铁雨水口		个	8	8	☐
5	子目4	补	PVC水斗		个	8	8	☐

图 4-42

1. 重新计算五层阳台上雨篷栏板工程量。

将楼层切换到"第5层",重新汇总五层,在画栏板的状态下,单击"选择"按钮→单击"批量选择"按钮→只勾选"LB100×180"→单击"确定"→单击"查看工程量"按钮→单击"做法工程量",五层阳台上雨篷栏板工程量软件计算结果见表4-30。

表 4-30 五层阳台上雨篷栏板工程量汇总表

编码	项目名称	单位	软件量	手工量
011702023	阳台上雨篷栏板(模板面积)	m²	10.368	10.368
子目1	阳台上雨篷栏板(模板面积)	m²	10.368	10.368
010505008	阳台上雨篷栏板(体积)	m³	0.5184	0.5184
子目1	阳台上雨篷栏板(体积)	m³	0.5184	0.5184

2. 重新计算五层阳台上雨篷栏板装修工程量。

在画墙面的状态下,单击"选择"按钮→单击"批量选择"按钮→只勾选"外墙面(阳台雨篷栏板处)"→单击"确定"→单击"查看工程量"按钮→单击"做法工程量",五层阳台上雨篷栏板装修工程量软件计算结果见表4-31。

表 4-31 五层阳台上雨篷栏板装修工程量汇总表

编码	项目名称	单位	软件量	手工量
011001003	保温隔热墙面(阳台栏板处)	m²	7.98	7.98
子目1	50厚聚苯颗粒保温	m²	7.98	7.98
011201002	墙面装饰抹灰(阳台栏板处)	m²	7.98	7.98
子目1	刮涂柔性耐水腻子	m²	7.98	7.98
子目2	喷(刷)外墙涂料	m²	7.98	7.98

第五章　地下一层、基础层工程量计算

从这一节开始计算地下一层的工程量，地下一层的平面图见建施-03，从平面图可以看出，地下一层与首层大致相同，要计算的工程量如图5-1所示。

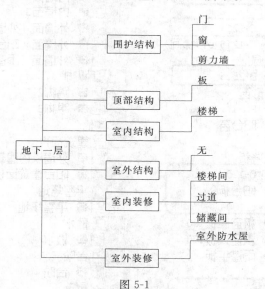

图 5-1

这里把首层少部分图元复制下来，包括首层墙、部分门、部分窗、部分板、楼梯。有些构件直接复制下来就能用，有些构件复制下来后修改。

一、将首层画好的部分图元复制到地下一层

将楼层切换到第－1层→单击"楼层"下拉菜单→单击"从其他楼层复制构件图元"，弹出"从其他楼层复制图元"对话框→在"源楼层选择"下选择"首层"→在"图元选择"框的空白处单击右键→单击"全部展开"→在"图元选择"框的空白处单击右键→单击"全部取消"→勾选下列构件，所有墙，除楼梯间以外的所有门，除阳台飘窗以外的所有窗，除飘窗板，雨篷板以外的所有板、楼梯等，如图5-2所示。

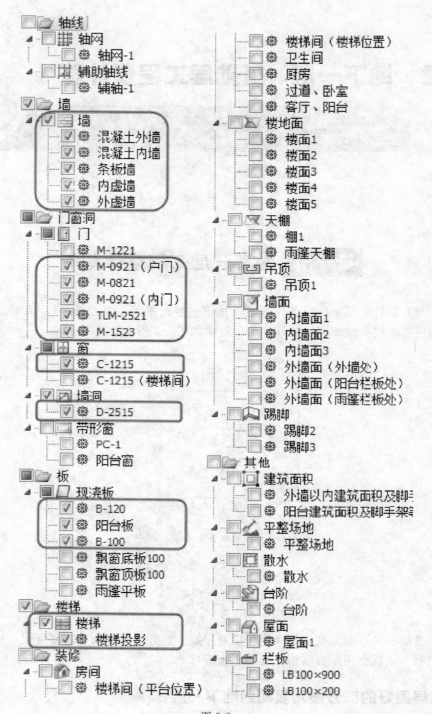

图 5-2

单击"确定",弹出"提示"对话框→单击"确定",这样首层部分构件就复制到地下一层了。

如果你的地下一层已画了别的构件，会出现"同名构件处理方式"对话框，如图 5-3 所示→单击"不新建构件，覆盖目标层同名构件属性"→单击"确定"就可以了。

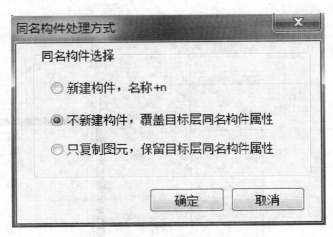

图 5-3

复制好的构件如图 5-4 所示。

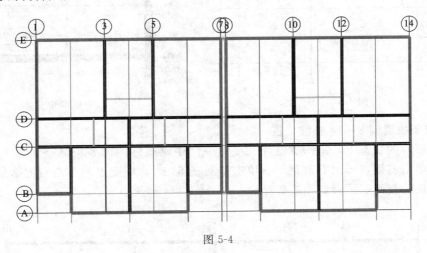

图 5-4

二、画地下一层条板墙

根据建施-03 可知，地下一层除过道有条板墙外，门厅处也有条板墙，但门厅处的条板墙不在轴线位置，需要先打两条辅轴。

1. 打辅助轴线
打好的辅轴图 5-5 所示。

2. 画条板墙
在画墙的状态下，选择"条板墙"名称→单击"直线"按钮→单击图 1.10.4 中的"1号交点"→单击"2 号交点"→单击"3 号交点"→单击右键结束，画好的条板墙如图 5-6 所示。

3. 镜像画好的条板墙
将刚画好的条板墙镜像到图纸要求位置，操作步骤如下：
在画条板墙的状态下，单击"选择"按钮→单击图 5-6 中所示两段条板墙→单击右键，弹出右键菜单→单击镜像→单击 4 轴线上任意两点，弹出"确认"对话框→单击"否"，这样一个单元的条板墙就画好了。

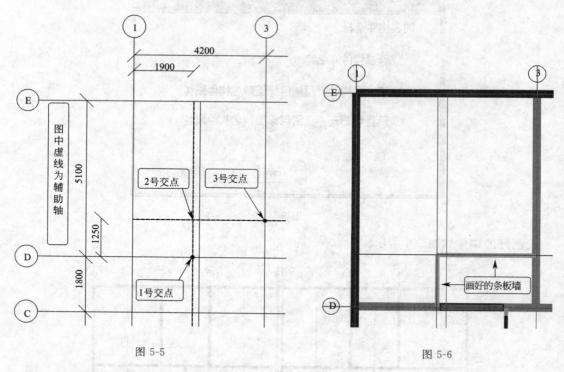

图 5-5

图 5-6

4. 复制条板墙到 8～14 轴线位置

在画条板墙的状态下，单击"选择"按钮→选中刚画好的四条板墙→单击 4/D 交点作为基准点→单击右键，弹出右键菜单→单击复制→单击 11/D 交点→单击右键结束，这样一个单元的条板墙就画好了，如图 5-7 所示。

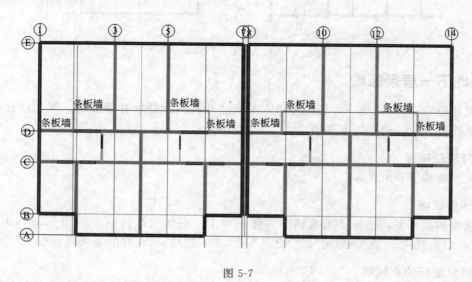

图 5-7

5. 删除画条板墙所有的辅轴

为了保持图面整洁，这里要删除画条板墙时所用的辅助轴线。

6. 查看地下一层条板墙工程量

汇总结束后，在画条板墙的状态下，单击"选择"按钮→单击"批量选择"按钮，弹出"批量选择构件图元"对话框→只勾选"条板墙"→单击"确定"→单击"查看工程量"按钮→单击"做法工程量"。地下一层条板墙工程量汇总见表 5-1。

表 5-1 地下一层条板墙工程量汇总

编 码	项目名称	单 位	工程量
011210005	成品隔断	m²	46.344
子目 1	条板墙面积	m²	46.344

单击"退出"按钮，退出"查看构件图元工程量"对话框。

三、修改地下一层门窗

从首层复制下面的门窗与地下一层部分门窗虽然位置正确，型号不对，需要修改。

1. 定义地下一层窗

从建施-01 的门窗表可以看出，地下一层除了从首层复制下来的门窗外，还有 C-2506、C-1206 没有定义，需要先定义这两个窗，定义的方法同首层，定义好多两个窗的属性和做法如图 5-8、图 5-9。

属性名称	属性值	附加
名称	C-2506	
洞口宽度(	2500	☐
洞口高度(	600	☐
框厚(mm)	0	☐
立樘距离(	0	☐
离地高度(	2000	☐
是否随墙变	是	☐
框左右扣尺	0	☐
框上下扣尺	0	☐
框外围面积	1.5	☐
洞口面积(m	1.5	☐

	编码	类别	项目名称	项目特征	单位	工程量表达式	表达式说明	措施项
1	⊟ 010807001	项	金属（塑钢、断桥）窗	1. 塑钢窗（洞口面积）:	m2	DKMJ	DKMJ＜洞口面积＞	☐
2	子目1	补	制安		m2	KWWMJ	KWWMJ＜框外围面积＞	☐
3	子目2	补	后塞口		m2	KWWMJ	KWWMJ＜框外围面积＞	☐

图 5-8

属性名称	属性值	附加
名称	C-1206	
洞口宽度(	1200	☐
洞口高度(	600	☐
框厚(mm)	0	☐
立樘距离(	0	☐
离地高度(	2000	☐
是否随墙变	是	☐
框左右扣尺	0	☐
框上下扣尺	0	☐
框外围面积	0.72	☐
洞口面积(m	0.72	☐

	编码	类别	项目名称	项目特征	单位	工程量表达式	表达式说明	措施项
1	☐ 010807001	项	金属（塑钢、断桥）窗	1.塑钢窗（洞口面积）	m2	DKMJ	DKMJ<洞口面积>	☐
2	─ 子目1	补	制安		m2	KWWMJ	KWWMJ<框外围面积>	☐
3	─ 子目2	补	后塞口		m2	KWWMJ	KWWMJ<框外围面积>	☐

图 5-9

2. 修改 TLM2521 为 C2506

对比建施-03 和建施-04 可以看出，TLM2521 在地下一层变成了 C-2506，需要将其更换，操作步骤如下：

在画门的状态下，单击"选择"按钮→单击"批量选择"按钮，弹出"批量选择构件图元"对话框→只勾选"TLM-2521"→单击"确定"→单击右键，弹出右键菜单→单击"修改构件图元名称"，弹出"修改构件图元名称"对话框→在目标构件下选中 C-2506→单击"确定"，这样 TLM2521 就修改成了 C-2506 了。

3. 修改 D-2515 为 C2506

对比建施-03 和建施-04 可以看出，D-2515 在地下一层变成了 C-2506，需要将其更换，操作步骤如下：

在画墙洞的状态下，单击"选择"按钮→单击"批量选择"按钮，弹出"批量选择构件图元"对话框→只勾选"D-2515"→单击"确定"→单击右键,弹出右键菜单→单击"修改构件图元名称"，弹出"修改构件图元名称"对话框→在目标构件下选中 C-2506→单击"确定"，这样 D-2515 就修改成了 C-2506 了。

4. 修改 C-1215 为 C1206

对比建施-03 和建施-04 可以看出，C-1215 在地下一层变成了 C-1206，需要将其更换，操作步骤如下：

在画窗的状态下，单击"选择"按钮→单击"批量选择"按钮，弹出"批量选择构件图元"对话框→只勾选"C-1215"→单击"确定"→单击右键，弹出右键菜单→单击"修改构件图元名称"，弹出"修改构件图元名称"对话框→在目标构件下选中 C-1206→单击"确定"，这样 C-1215 就修改成了 C-1206 了。

修改好的地下一层窗如图 5-10 所示。

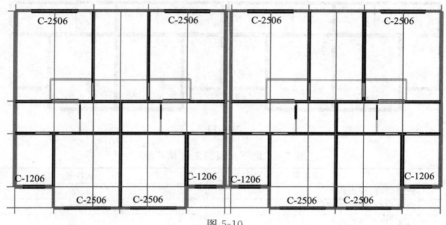

图 5-10

5. 查看地下一层窗软件计算结果

汇总结束后，在画窗的状态下，单击"选择"按钮→单击"批量选择"按钮，弹出"批量选择构件图元"对话框→勾选"C-2506 和 C-1206"→单击"确定"→单击"查看工程量"按钮→单击"做法工程量"。地下一层窗工程量汇总见表 5-2。

表 5-2 地下一层窗工程量汇总

编 码	项目名称	单 位	软件量	手工量
010807001	金属(塑钢、断桥)窗	m²	14.88	14.88
子目 2	后塞口	m²	14.88	14.88
子目 1	制安	m²	14.88	14.88

单击"退出"按钮，退出"查看构件图元工程量"对话框。

四、补画地下一层门

从建施-03 地下一层平面图可以看出，地下一层增加了门厅条板墙，在条板墙上增加了 M0921，要在画好条板墙上画 M0921。

1. 补画 M0921

用前面教过的画门的方法画门厅条板墙上的 M0921，画好的 M0921 如图 5-11 所示。

2. 查看地下一层门软件计算结果

地下一层有从首层复制下来的门，有刚刚画好的门，现在把地下一层的门工程量汇总一下。

汇总结束后，在画门的状态下，单击"选择"按钮→单击"批量选择"按钮，弹出"批量选择构件图元"对话框→勾选所有的门→单击"确定"→单击"查看工程量"按钮→单击"做法工程量"。地下一层门工程量汇总见表 5-3。

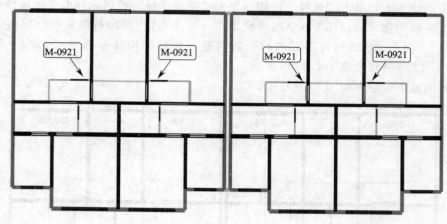

图 5-11

表 5-3　地下一层门工程量汇总

编　码	项目名称	单　位	软件量	手工量
010802004	防盗门(洞口面积)	m²	7.56	7.56
子目 1	防盗门(框外围面积)	m²	7.56	7.56
子目 2	后塞口(框外围面积)	m²	7.56	7.56
010801001	木质门(洞口面积)	m²	43.2	43.2
子目 3	后塞口(框外围面积)	m²	43.2	43.2
子目 5	五金	樘	20	20
子目 4	油漆(框外围面积)	m²	43.2	43.2
子目 2	运输(框外围面积)	m²	43.2	43.2
子目 1	制安(框外围面积)	m²	43.2	43.2

五、查看地下一层主体工程量软件计算结果

到现在为止,已经画完了地下一层所有的主体工程量,我们现在就来查看一下地下一层各个主体的工程量,首先来对墙的工程量。

1. 地下一层墙体工程量软件计算结果

在画墙的状态下,单击"选择"按钮→单击"批量选择"按钮,弹出"批量选择构件图元"对话框→勾选所有的墙 →单击"确定"→单击"查看工程量"按钮→单击"做法工程量"。地下一层墙工程量汇总见表 5-4。

表 5-4　地下一层墙工程量汇总

编　码	项目名称	单　位	软件量	手工量	备　注
011210005	成品隔断	m²	38.784	38.784	
子目 1	条板墙面积	m²	38.784	38.784	此版本软件计算混凝土墙模板有误
011702011	直形墙(清单模板面积)	m²	870.884	866.06	
子目 2	混凝土墙(定额超高模板面积)	m²	0	0	
子目 1	混凝土墙(定额模板面积)	m²	870.884	866.06	
010504001	直形墙(清单体积)	m³	88.352	88.352	
子目 1	混凝土墙(定额体积)	m³	88.352	88.352	

2. 地下一层板工程量软件计算结果

在画板的状态下,单击"选择"按钮→单击"批量选择"按钮,弹出"批量选择构件图元"对话框→勾选所有的板 →单击"确定"→单击"查看工程量"按钮→单击"做法工程量"。地下一层板工程量汇总见表5-5。

表5-5　地下一层板工程量汇总

编　码	项目名称	单　位	软件量	手工量
011702016	平板（底面模板面积）	m²	195.608	195.608
子目2	平板（超高模板面积）	m²	0	
子目1	平板（底面模板面积）	m²	195.608	195.608
010505003	平板（体积）	m³	23.3464	23.347
子目1	平板（体积）	m³	23.3464	23.347
011702023	雨篷、悬挑板、阳台板（模板面积）	m²	29.952	29.952
子目2	阳台板（超高模板面积）	m²	0	
子目1	阳台板（模板面积）	m²	29.952	29.952
010505008	雨篷、悬挑板、阳台板（体积）	m³	3.168	3.168
子目1	阳台板（体积）	m³	3.168	3.168

3. 地下一层楼梯工程量软件计算结果

查看地下一层楼梯工程量之前，我们要先做一个工作，就是到楼梯的做法里把楼梯底部装修的斜度系数改成1.18，因为地下一层楼梯踏步高度比其他层的高度，所以斜度系数发生变化。修改好的楼梯做法如图5-12所示。

	编码	类别	项目名称	项目特征	单位	工程量表达	表达式说明	措施
1	010506001	项	直形楼梯（投影面积）	1. C30:	m2	TYMJ	TYMJ〈水平投影面积〉	
2	子目1	补	楼梯投影面积		m2	TYMJ	TYMJ〈水平投影面积〉	
3	011702024	项	楼梯（投影面积）	1. 普通模板:	m2	TYMJ	TYMJ〈水平投影面积〉	☑
4	子目1	补	楼梯（投影面积）		m2	TYMJ	TYMJ〈水平投影面积〉	☑
5	011106002	项	块料楼梯面层（投影面积）	1. 防滑地砖:	m2	TYMJ	TYMJ〈水平投影面积〉	
6	子目1	补	面层装修（投影面积）		m2	TYMJ	TYMJ〈水平投影面积〉	
7	011301001	项	天棚抹灰（实际面积）	1. 底刮腻子 2. 外刷涂料	m2	TYMJ*1.18	TYMJ〈水平投影面积〉*1.18	
8	子目1	补	楼梯底刮腻子（实际面积）		m2	TYMJ*1.18	TYMJ〈水平投影面积〉*1.18	
9	子目2	补	楼梯底刷涂料（实际面积）		m2	TYMJ*1.18	TYMJ〈水平投影面积〉*1.18	

图5-12

思考题（答案请加企业 QQ800014859 索取）：为什么将楼梯的斜度系数修改成1.18？1.18是怎样计算出来的？

重新计算后，在画楼梯的状态下，单击"选择"按钮→单击"批量选择"按钮，弹出"批量选择构件图元"对话框→勾选所有的楼梯 →单击"确定"→单击"查看工程量"按钮→单击"做法工程量"。地下一层楼梯工程量汇总见表5-6。

表5-6　地下一层楼梯工程量汇总

编　码	项目名称	单　位	软件量	手工量
011106002	块料楼梯面层（投影面积）	m²	21.112	21.112
子目1	面层装修（投影面积）	m²	21.112	21.112
011702024	楼梯（投影面积）	m²	21.112	21.112
子目1	楼梯（投影面积）	m²	21.112	21.112
011301001	天棚抹灰（实际面积）	m²	24.9122	24.9122
子目1	楼梯底刮腻子（实际面积）	m²	24.9122	24.9122
子目2	楼梯底刷涂料（实际面积）	m²	24.9122	24.9122
010506001	直形楼梯（投影面积）	m²	21.112	21.112
子目1	楼梯投影面积	m²	21.112	21.112

六、室内装修

从建施-01 内装修做法表可以看出，地下一层有楼梯间、储藏室和过道 3 种房间，房间的构件在前面定义过了，只要复制下来就可以了。

1. 定义地下一层装修构件

从建施-01 装修表可以看出，地下一层装修分构件有地面 1、踢脚 1、内墙面 1 和天棚 1，其中内墙面 1 和天棚 1 在首层已经定义过了，地面 1 和踢脚 1 在其他层没有定义，定义过的构件可以从其他层复制到地下一层，没有定义过的构件，在这里重新定义。

（1）定义地面 1 的属性和做法

在"楼地面"下定义地面 1，定义好的地面 1 的属性和做法如图 5-13 所示。

属性名称	属性值	附加
名称	地面1	
块料厚度(	0	☐
顶标高(m)	层底标高	☐
是否计算防	否	☐

	编码	类别	项目名称	项目特征	单位	工程量表达式	表达式说明	措施项
1	⊟ 010501001	项	垫层	1. 100厚的C10混凝土垫层;	m3	DMJ*0.1	DMJ<地面积>*0.1	☐
2	└ 子目1	补	100厚的C10混凝土垫层		m3	DMJ*0.1	DMJ<地面积>*0.1	☐
3	⊟ 011101001	项	水泥砂浆楼地面	1. 1. 1:3水泥砂浆;	m2	DMJ	DMJ<地面积>	☐
4	└ 子目1	补	地面1:3水泥砂浆面积		m2	DMJ	DMJ<地面积>	☐

图 5-13

（2）定义踢脚 1 的属性和做法

在"踢脚"下定义地面 1，定义好的踢脚 1 的属性和做法如图 5-14 所示。

属性名称	属性值	附加
名称	踢脚1	
块料厚度(	0	☐
高度(mm)	100	☐
起点底标高	墙底标高	☐
终点底标高	墙底标高	☐

	编码	类别	项目名称	项目特征	单位	工程量表达式	表达式说明	措施项
1	⊟ 011105001	项	水泥砂浆踢脚线	1. 踢脚1:	m	TJKLCD	TJKLCD<踢脚块料长度>	☐
2	└ 子目1	补	水泥砂浆踢脚线		m	TJKLCD	TJKLCD<踢脚块料长度>	☐

图 5-14

2. 从首层复制"内墙面1"和"天棚1"到地下一层

单击"构件"下拉菜单→单击"从其他楼层复制构件"→在"源楼层"下单击"首层"→在"复制构件"空白处单击右键→单击"全部展开"→在"复制构件"框的空白处单击右键→单击"全部取消"→只勾选"内墙面1"和"天棚1"→单击"确定",弹出"提示"对话框→单击"确定",这样"内墙面1"和"天棚1"就复制到地下一层了。

3. 地下一层房间组合

从建施-01的装修做法表可以看出,地下一层所有室内装修均一样,但在这里还是要把楼梯间(楼梯位置)分出来,因为此处楼梯间(楼梯位置)有地面、有踢脚、有墙面,没有天棚,天棚变成了楼梯天棚,这在楼梯里已经做过了。

剩余房间楼梯间(楼层平台)、门厅、过道、储藏间做法完全一致,不过为了区分,我们还是组合成三种房间。

(1)组合"楼梯间(楼梯位置)"　单击"房间"→单击"新建"下拉菜单→单击"新建房间"→修改名称为"楼梯间(楼梯位置)"→(这时如果在绘图界面请单击"定义"进入做法界面,如果就在做法界面省略此操作)→单击"构件类型"下的"楼地面"→单击"添加依附构件",软件默认构件名称为"地面1",与图纸要求一致不再改动→单击"构件类型"下的"踢脚"→单击"添加依附构件",软件默认构件名称为"踢脚1"与图纸要求一致不再改动→单击"构件类型"下的"墙面"→单击"添加依附构件",软件默认构件名称为"内墙面1",与图纸要求一致不再改动,这样楼梯间(楼梯位置)的房间就组合好了,组合好的楼梯间如图5-15所示

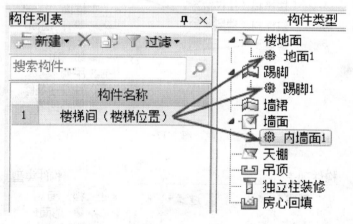

图5-15

(2)组合"楼梯间(楼层平台)"　用同样的方式组合"楼梯间(楼层平台)"房间,组合好的"楼梯间(楼层平台)"房间如图5-16所示。

(3)组合"过道"房间　因为"过道"与"楼梯间(楼层平台)"完全一致,我们用复制的方法来定义"过道"。

单击"楼梯间(楼层平台)"名称→单击右键,弹出右键菜单→单击"复制"弹出"确认"对话框→单击"是",这样"楼梯间(楼层平台)"就变成了"楼梯间(楼层平台)-1",修改"楼梯间(楼层平台)-1"为"过道",如图5-17所示。

(4)组合"门厅"房间　用复制的方法组合"门厅",如图5-18所示。

(5)组合"储藏间"房间　组合好的储藏间,如图5-19所示。

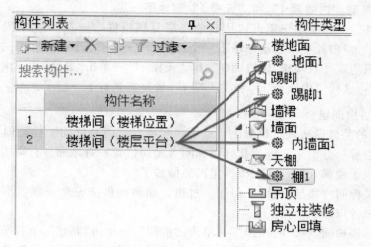

图 5-16

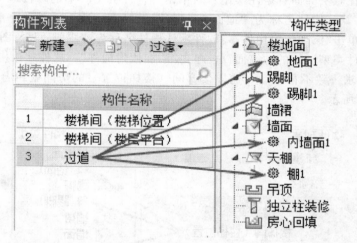

图 5-17

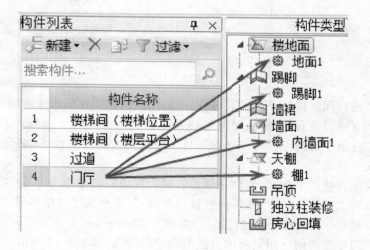

图 5-18

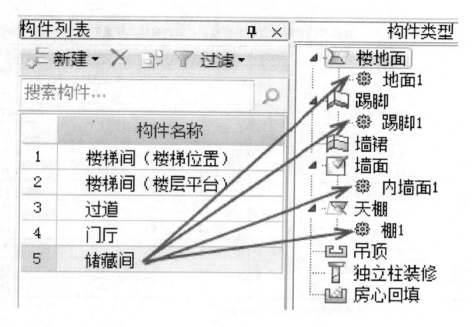

图 5-19

4. 画地下一层房间

根据建施-03 画地下一层的房间。

单击"绘图"进入绘图界面→选中"楼梯间（楼梯位置）"名称→单击"点"按钮→单击楼梯间（楼梯位置）（两处），其他房间采用同样的方法绘制，画好的地下一层室内装修如图 5-20 所示。

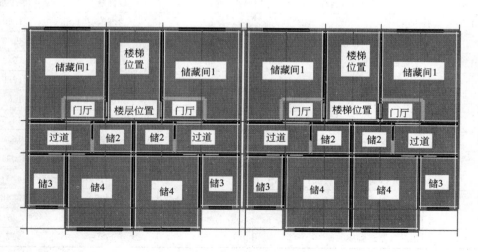

图 5-20

5. 查看地下一层室内装修软件计算结果

（1）查看楼梯间（楼梯位置及平台位置）室内装修工程量　汇总结束后，单击"选择"按钮，结束原来所有操作→把图调整到合适的大小，分别点选楼梯间（楼梯位置和平台位置）房间→单击"查看工程量"→单击"做法工程量"，楼梯间（楼梯位置和平台位置）室内装修工程量汇总见表 5-7。

表 5-7 楼梯间（楼梯位置和平台位置）室内装修工程量汇总

编　码	项目名称	单　位	软件量	手工量
010501001	垫层	m³	1.372	1.372
子目 1	100 厚的 C10 混凝土垫层	m³	1.372	1.372
011101001	水泥砂浆楼地面	m²	13.72	13.72
子目 1	地面 1∶3 水泥砂浆面积	m²	13.72	13.72
011301001	天棚抹灰	m²	3.164	3.164
子目 1	刮耐水腻子	m²	3.164	3.164
子目 2	刷耐擦洗涂料	m²	3.164	3.164
011201002	墙面装饰抹灰	m²	37.874	37.874
子目 1	9 厚 1∶3 水泥砂浆打底扫毛	m²	37.874	37.874
子目 2	喷水性耐擦洗涂料	m²	37.654	37.654
011105001	水泥砂浆踢脚线	m	14	14
子目 1	水泥砂浆踢脚线	m	14	14

注：此处只是一个楼梯间（楼梯位置和平台位置）的工程量。

单击"退出"按钮，退出"查看构件图元工程量"对话框。

（2）查看储藏间 1 室内装修工程量

单击"选择"按钮→单击储藏间 1 房间→单击"查看工程量"→单击"做法工程量"，地下一层储藏间 1 室内装修工程量汇总见表 5-8。

表 5-8 地下一层储藏间 1 室内装修工程量汇总

编　码	项目名称	单　位	软件量	手工量
010501001	垫层	m³	1.69	1.69
子目 1	100 厚的 C10 混凝土垫层	m³	1.69	1.69
011101001	水泥砂浆楼地面	m²	16.9	16.9
子目 1	地面 1∶3 水泥砂浆面积	m²	16.9	16.9
011301001	天棚抹灰	m²	16.9	16.9
子目 1	刮耐水腻子	m²	16.9	16.9
子目 2	刷耐擦洗涂料	m²	16.9	16.9
011201002	墙面装饰抹灰	m²	44.314	44.314
子目 1	9 厚 1∶3 水泥砂浆打底扫毛	m²	44.314	44.314
子目 2	喷水性耐擦洗涂料	m²	43.489	43.489
011105001	水泥砂浆踢脚线	m	17	17
子目 1	水泥砂浆踢脚线	m	17	17

注：此处只是一个储藏间 1 的工程量。

单击"退出"按钮，退出"查看构件图元工程量"对话框。

（3）查看门厅、过道室内装修工程量

单击"选择"按钮→分别单击一个过道及一个门厅房间→单击"查看工程量"→单击"做法工程量"，地下一层一个门厅及过道室内装修工程量汇总见表 5-9。

表 5-9 门厅及过道室内装修工程量汇总

编 码	项目名称	单 位	软件量	手工量
010501001	垫层	m³	0.7725	0.7725
子目 1	100 厚的 C10 混凝土垫层	m³	0.7725	0.7725
011101001	水泥砂浆楼地面	m²	7.725	7.725
子目 1	地面 1：3 水泥砂浆面积	m²	7.725	7.725
011301001	天棚抹灰	m²	7.725	7.725
子目 1	刮耐水腻子	m²	7.725	7.725
子目 2	刷耐擦洗涂料	m²	7.725	7.725
011201002	墙面装饰抹灰	m²	27.812	27.812
子目 1	9 厚 1：3 水泥砂浆打底扫毛	m²	27.812	27.812
子目 2	喷水性耐擦洗涂料	m²	30.067	30.047
011105001	水泥砂浆踢脚线	m	10.2	10.2
子目 1	水泥砂浆踢脚线	m	10.2	10.2

注：此处只是一个门厅及过道的工程量。

单击"退出"按钮，退出"查看构件图元工程量"对话框。

（4）查看储藏间 2 室内装修工程量

单击"选择"按钮→单击一个储藏间 2 房间→单击"查看工程量"→单击"做法工程量"，地下一层储藏间 2 室内装修工程量汇总见表 5-10。

表 5-10 地下一层储藏间 2 室内装修工程量汇总

编 码	项目名称	单 位	软件量	手工量
010501001	垫层	m³	0.328	0.328
子目 1	100 厚的 C10 混凝土垫层	m³	0.328	0.328
011101001	水泥砂浆楼地面	m²	3.28	3.28
子目 1	地面 1：3 水泥砂浆面积	m²	3.28	3.28
011301001	天棚抹灰	m²	3.28	3.28
子目 1	刮耐水腻子	m²	3.28	3.28
子目 2	刷耐擦洗涂料	m²	3.28	3.28
011201002	墙面装饰抹灰	m²	17.884	17.884
子目 1	9 厚 1：3 水泥砂浆打底扫毛	m²	17.884	17.884
子目 2	喷水性耐擦洗涂料	m²	17.474	17.474
011105001	水泥砂浆踢脚线	m	6.6	6.6
子目 1	水泥砂浆踢脚线	m	6.6	6.6

注：此处只是一个储藏间 2 的工程量。

单击"退出"按钮，退出"查看构件图元工程量"对话框。

（5）查看储藏间 3 室内装修工程量

单击"选择"按钮→单击一个储藏间 3 房间→单击"查看工程量"→单击"做法工程量"，地下一层储藏间 3 室内装修工程量汇总见表 5-11。

表 5-11　地下一层储藏间 3 室内装修工程量汇总

编　码	项目名称	单　位	软件量	手工量
010501001	垫层	m³	0.532	0.532
子目 1	100 厚的 C10 混凝土垫层	m³	0.532	0.532
011101001	水泥砂浆楼地面	m²	5.32	5.32
子目 1	地面 1∶3 水泥砂浆面积	m²	5.32	5.32
011301001	天棚抹灰	m²	5.32	5.32
子目 1	刮耐水腻子	m²	5.32	5.32
子目 2	刷耐擦洗涂料	m²	5.32	5.32
011201002	墙面装饰抹灰	m²	22.582	22.582
子目 1	9 厚 1∶3 水泥砂浆打底扫毛	m²	22.582	22.582
子目 2	喷水性耐擦洗涂料	m²	22.582	22.582
011105001	水泥砂浆踢脚线	m	8.7	8.7
子目 1	水泥砂浆踢脚线	m	8.7	8.7

注：此处只是一个储藏间 3 的工程量。

单击"退出"按钮，退出"查看构件图元工程量"对话框。

（6）查看储藏间 4 室内装修工程量

单击"选择"按钮→单击一个储藏间 4 房间→单击"查看工程量"→单击"做法工程量"，地下一层储藏间 4 室内装修工程量汇总见表 5-12。

表 5-12　储藏间 4 室内装修工程量汇总

编　码	项目名称	单　位	软件量	手工量
010501001	垫层	m³	1.36	1.36
子目 1	100 厚的 C10 混凝土垫层	m³	1.36	1.36
011101001	水泥砂浆楼地面	m²	13.6	13.6
子目 1	地面 1∶3 水泥砂浆面积	m²	13.6	13.6
011301001	天棚抹灰	m²	13.6	13.6
子目 1	刮耐水腻子	m²	13.6	13.6
子目 2	刷耐擦洗涂料	m²	13.6	13.6
011201002	墙面装饰抹灰	m²	36.274	36.274
子目 1	9 厚 1∶3 水泥砂浆打底扫毛	m²	36.274	36.274
子目 2	喷水性耐擦洗涂料	m²	35.994	35.994
011105001	水泥砂浆踢脚线	m	14.1	14.1
子目 1　，	水泥砂浆踢脚线	m	14.1	14.1

注：此处只是一个储藏间 4 的工程量。

单击"退出"按钮，退出"查看构件图元工程量"对话框。

七、室外装修

地下一层的室外装修实际上就是外墙防水，从建施-02 可以看出外墙防水的做法，从建施-12 的 1-1 剖面图可以看出外墙防水的位置，首先来定义外墙防水。

1. 定义地下一层外墙防水

在墙面里定义外墙防水，定义方法同定义外墙面装修。起点顶标高要修改成"墙顶标高-1.1"，因为室外地坪为-1.2，地下一层墙顶标高为-0.1，防水层只到室外地坪，室外地坪以上的外墙装修在首层已经算过。另外，防水层的底部不是只到外墙底，从建施-12 可以看出，是到满筏板础底，从结施-02 可以看出，筏板基础的高度为 600，需要将基础的起点底标高和终点底标高修改成"墙底标高-0.6"。定义好的外墙防水的属性和做法如图 5-21 所示。

属性名称	属性值	附加
名称	外墙防水	
所附墙材质	(程序自动判断)	☐
块料厚度(	0	☐
内/外墙面	外墙面	☐
起点顶标高	墙顶标高-1.1	☐
终点顶标高	墙顶标高-1.1	☐
起点底标高	墙底标高-0.6	☐
终点底标高	墙底标高-0.6	☐

	编码	类别	项目名称	项目特征	单位	工程量表达式	表达式说明	措施项
1	⊟ 010903001	项	墙面卷材防水	1. 见地下室外墙防水:	m2	QMMHMJ	QMMHMJ〈墙面抹灰面积〉	☐
2	子目1	补	1:2水泥砂浆找平层		m2	QMMHMJ	QMMHMJ〈墙面抹灰面积〉	☐
3	子目2	补	SBS防水层		m2	QMMHMJ	QMMHMJ〈墙面抹灰面积〉	☐
4	子目3	补	水泥聚苯板保护层		m2	QMMHMJ	QMMHMJ〈墙面抹灰面积〉	☐

图 5-21

2. 画外墙装修

单击"绘图"按钮进入绘图界面→在画墙面状态下，选择"外墙防水"名称→单击"点"按钮→将鼠标放到外墙外边的任意一点可显示外墙装修，这时点一下鼠标左键外墙就布置上了，用此方法将外墙装修所有的墙面都点一遍。

画完所有外墙之后点一下三维，用鼠标左键旋转检查一下外墙装修是否都布置上了，如图 5-22 所示。

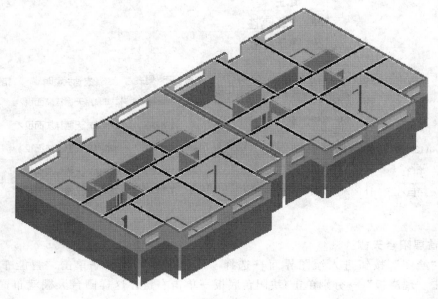

图 5-22

3. 查看外墙防水软件计算结果

汇总结束后，在画外墙面的状态下，单击"选择"按钮，结束原来的所有操作→单击"批量选择"→只勾选"外墙防水"→单击"确定"→单击"查看工程量"→单击"做法工程量"。地下一层外墙防水工程量汇总，见表 5-13。

表 5-13　地下一层外墙防水工程量汇总

编　　码	项 目 名 称	单　位	软件量	手工量
010903001	墙面卷材防水	m²	164.22	164.22
子目 1	1：2 水泥砂浆找平层	m²	164.22	164.22
子目 2	SBS 防水层	m²	164.22	164.22
子目 3	水泥聚苯板保护层	m²	164.22	164.22

单击"退出"按钮，退出查看构件图元工程量对话框。

八、首层阳台天棚

首层阳台底板，从结构上应归入地下一层，在地下一层计算这个工程量，从建施-12 的 1—1 剖面图可以看出，首层阳台天棚与飘窗一致，首先来定义阳台的天棚。

1. 定义首层阳台天棚

从建施-12 中可以看出，阳台天棚为 50 厚聚苯板保温、20 厚 1：3 水泥砂浆找平，外喷外墙涂料，定义首层阳台天棚的操作步骤如下：

单击"装修"前面的"▷"将其展开→单击下一级"天棚"→单击"新建"下拉菜单→单击"新建天棚"→修改名称为"阳台天棚"→定义好的阳台天棚的属性和做法如图 5-23 所示。

属性名称	属性值	附加
名称	阳台天棚	
备注		☐
⊞ 计算属性		
⊞ 显示样式		

	编码	类别	项目名称	项目特征	单位	工程量表达	表达式说明	措施项目
1	⊟ 011001003	项	保温隔热墙面（1. 50厚聚苯板面积）		m2	TPMHMJ	TPMHMJ〈天棚抹灰面积〉	☐
2	子目1	补	阳台底板保温（面积）		m2	TPMHMJ	TPMHMJ〈天棚抹灰面积〉	☐
3	⊟ 011201002	项	墙面装饰抹灰	1. 1:3水泥砂浆底，涂料面	m2	TPMHMJ	TPMHMJ〈天棚抹灰面积〉	☐
4	子目1	补	阳台底板1:3水泥砂浆打底		m2	TPMHMJ	TPMHMJ〈天棚抹灰面积〉	☐
5	子目2	补	涂料面层		m2	TPMHMJ	TPMHMJ〈天棚抹灰面积〉	☐

图 5-23

2. 画首层阳台天棚

单击"绘图"按钮进入绘图界面→选择"阳台天棚"名称→单击"智能布置"下拉菜单→单击"现浇板"→分别单击4块阳台底板→单击右键，这样阳台天棚就布置到阳台板底了，如图 5-24 所示。

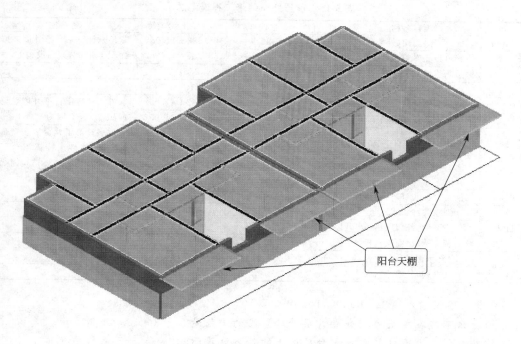

图 5-24

3. 查看首层阳台天棚软件计算结果

在画天棚的状态下，单击"选择"按钮→单击"批量选择"按钮，弹出"批量选择构件图元"对话框→只勾选"阳台天棚"→单击"确定"→单击"查看工程量"按钮→单击"做法工程量"，首层阳台天棚工程量汇总见表 5-14。

表 5-14 首层阳台天棚工程量汇总

编 码	项目名称	单 位	软件量	手工量
011001003	保温隔热墙面（面积）	m²	26.4	26.4
子目 1	阳台底板保温（面积）	m²	26.4	26.4
011201002	墙面装饰抹灰	m²	26.4	26.4
子目 2	涂料面层	m²	26.4	26.4
子目 1	阳台底板1：3水泥砂浆打底	m²	26.4	26.4

单击"退出"按钮，退出查看构件图元工程量对话框。

九、查看首层外墙装修工程量软件计算结果

还记得吗，核对首层外墙装修的工程量时，因为地下一层构件没有画当时的外墙装修的量是错误的，现在已经画完地下一层的工程量，再返回到首层去重新核对一下首层的外墙装修。

将楼层切换到首层，重新汇总后，在画墙面的状态下，单击"选择"按钮→单击"批量选择"按钮，弹出"批量选择构件图元"对话框→勾选"外墙面（外墙处）"、"外墙面（阳台栏板处）"、"外墙面（雨篷栏板处）"→单击"确定"→单击"查看工程量"按钮→单击"做法工程量"，首层外墙装修工程量汇总见表 5-15。

表 5-15　首层外墙装修工程量汇总

编　码	项目名称	单　位	软件量	手工量	备　注
011001003	保温隔热墙面(外墙处)	m²	168.382	168.382+11.052	软件未计算阳台下外墙装修抹灰面积 11.052，因为没画上
子目 1	50 厚聚苯颗粒保温	m²	168.382	168.382+11.052	
011001003	保温隔热墙面(阳台栏板处)	m²	27.132	27.132	
子目 1	50 厚聚苯颗粒保温	m²	27.132	27.132	
011201002	墙面装饰抹灰(外墙处)	m²	168.382	168.382+11.052	软件未计算阳台下外墙装修抹灰面积 11.052，因为没画上
子目 1	刮涂柔性耐水腻子	m²	168.382	168.382+11.052	
子目 2	喷(刷)外墙涂料	m²	176.022+3.2 =179.222	176.022+13.532	软件多计算了飘窗洞侧壁面积 3.2 平面，软件未计算阳台下外墙装修抹灰面积 13.532，因为没画上
011201002	墙面装饰抹灰(阳台栏板处)	m²	27.132	27.132	
子目 1	刮涂柔性耐水腻子	m²	27.132	27.132	
子目 2	喷(刷)外墙涂料	m²	27.132	27.132	
011201002	墙面装饰抹灰(雨篷栏板处)	m²	3.12	3.12	
子目 1	1:3 水泥砂浆找平层	m²	3.12	3.12	
子目 2	喷(刷)外墙涂料	m²	3.12	3.12	

思考题（答案请加企业 QQ800014859 索取）：

1. 为什么不能在首层直接查看首层外墙装修的工程量？

2. 软件为什么没有计算首层阳台底板下的外墙装修面积？

3. 通过什么方法可以让软件自动计算上首层阳台底板下的外墙装修面积？

4. 软件在计算 1 号住在楼楼梯间外墙装修时，与阳台的分界线在什么地方？

第二节　基础层工程量计算

从这一节开始计算基础层的工程量，从结施-02 可以看出，1 号住宅楼属于筏形基础。根据建筑物列项的原理，列出基础层要计算构件工程量，如图 5-25 所示。

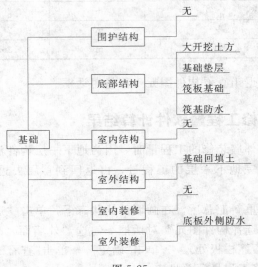

图 5-25

下面开始用软件计算这些构件的工程量。

一、将地下一层外墙复制到基础层

从结施-02可以看出,筏板基础的外边线就是外墙边线,首先把地下一层的外墙复制下来,这样筏板基础就可以以外墙边线来画。

1. 将地下一层外墙复制到基础层

将楼层切换到基础层→单击"楼层"下拉菜单→单击"从其他楼层复制图元",弹出"从其他楼层复制图元"对话框→切换源楼层为"第-1层"→在"图元选择"范围内,单击右键,出现右键菜单→单击"全部取消"→单击墙前面的"▷"(两次)使其展开→只勾选"混凝土外墙",如图5-26所示。

图 5-26

→单击"确定",弹出"提示"对话框→单击"确定",这样地下一层外墙就复制到基础层了,如图5-27所示。

2. 连接混凝土外墙伸缩缝

由于7、8轴之间是建筑缝,但是这里也需要布置筏板基础,所以需要将这里的混凝土外墙连接起来,操作步骤如下:

在画墙状态下,单击"延伸"按钮→单击7轴线墙作为目的线→单击E轴线,墙8~14段靠8轴端头→单击B轴线,墙8~9段靠8轴端头→单击右键,结束。这样就7、8轴之间的混凝土外墙连接起来了,如图5-28所示。

二、画筏板基础

1. 定义筏板基础

单击基础前面的"▷"将其展开→单击"筏板基础"→单击"新建"下拉菜单→单击

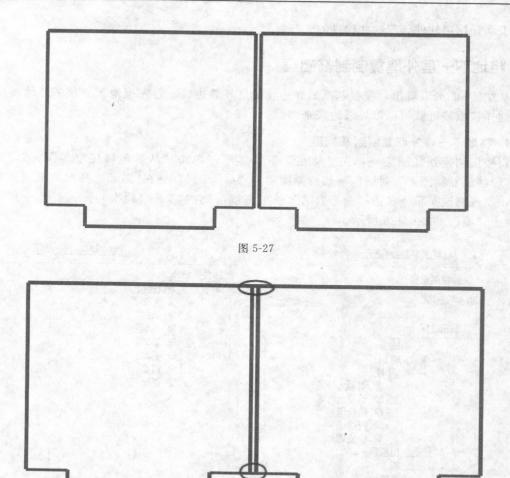

图 5-27

图 5-28

"新建筏板基础"，软件会自动默认一个名字 FB-1，在"属性编辑框"里将其修改为"筏板基础"，建立好的筏板基础的属性和做法如图 5-29 所示。

2. 画筏板基础

单击"绘图"按钮，进入绘图界面→选择"筏板基础"名称→单击"智能布置"下拉菜单→单击"外墙外边线"→单击"批量选择"按钮，弹出"批量选择构件图元"对话框→勾选"混凝土外墙"→单击"确定"→单击右键，这样筏板基础就布置上了，如图 5-30 所示。

3. 删除混凝土外墙

从结施-02 可以看出，基础层并没有外墙，只是为了画基础把外墙复制下来了。现在基础画完了，就要把外墙删掉，操作步骤如下：

在画墙的状态下，单击"选择"按钮→拉框选择所有的外墙→单击右键，弹出右键菜单→单击"删除"，这样外墙就全部删除了。

4. 查看筏板基础软件计算结果

汇总结束后，在画筏板基础的状态下，单击"选择"按钮→单击已经画好的筏板基础→单击"查看工程量"按钮→单击"做法工程量"，筏板基础的工程量见表 5-16。

属性名称	属性值	附加
名称	筏板基础	
材质	预拌混凝土	☐
混凝土类型	（预拌混凝土）	☐
混凝土标号	(C20)	☐
厚度(mm)	600	☐
顶标高(m)	层底标高+0.6	☐
底标高(m)	层底标高	☐
模板类型	复合模板	☐
砖胎膜厚度	0	☐

	编码	类别	项目名称	项目特征	单位	工程量表达式	表达式说明	措施项
1	− 010501004	项	满堂基础(体积)	1. C30:	m3	TJ	TJ<体积>	☐
2	子目1	补	筏板基础（体积）		m3	TJ	TJ<体积>	☐
3	− 011702001	项	基础（模板面积）	1. 普通模板:	m2	MBMJ	MBMJ<模板面积>	☑
4	子目1	补	筏板基础模板面积		m2	MBMJ	MBMJ<模板面积>	☑

图 5-29

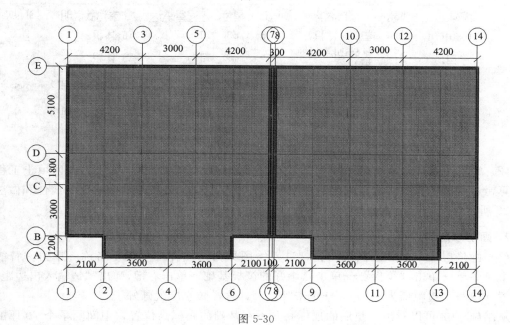

图 5-30

表 5-16　筏板基础工程量汇总

编　码	项目名称	单　位	软件量	手工量
011702001	基础(模板面积)	m²	42.96	42.96
子目1	筏板基础模板面积	m²	42.96	42.96
010501004	满堂基础(体积)	m³	151.854	151.854
子目1	筏板基础(体积)	m³	151.854	151.854

单击"退出"按钮，退出"查看构件图元工程量"对话框。

三、画筏板基础垫层

1. 定义混凝土垫层及防水层

（1）定义混凝土垫层

单击基础前面的"▷"将其展开→单击"垫层"→单击"新建"下拉菜单→单击"新建面式垫层"，修改属性名称为"垫层"，建立好的垫层的属性和做法如图 15-31 所示。

属性名称	属性值	附加
名称	垫层	
材质	预拌混凝	☐
混凝土类型	（预拌混凝土）	☐
混凝土标号	（C10）	☐
形状	面型	☐
厚度(mm)	100	☐
顶标高(m)	基础底标	☐

	编码	类别	项目名称	项目特	单位	工程里表达式	表达式说明	措施项
1	⊟ 010501001	项	垫层（体积）	1. C15:	m3	TJ	TJ<体积>	☐
2	└ 子目1	补	基础垫层（体积）		m3	TJ	TJ<体积>	☐
3	⊟ 011702001	项	基础垫层（模板面积）	1. 普通模板:	m2	MBMJ	MBMJ<模板面积>	☑
4	└ 子目1	补	基础垫层模板面积		m2	MBMJ	MBMJ<模板面积>	☑

图 15-31

（2）定义防水层　从结施-02 可以看出，基础防水层有 70 厚，如果不画回填土工程量就会算错，这里把基础防水层按照垫层来画，在垫层里定义好的基础防水层的属性和做法如图 5-32 所示。

2. 画防水层和垫层

（1）画垫层　单击"绘图"按钮，进入绘图界面→选择"垫层"名称→单击"智能布置"下拉菜单→单击"筏板"→单击已画好的筏板基础→单击右键，弹出"请输入出边距离"对话栏→填写出边距离为"100"→单击"确定"，这样防水层就画好了。

从结施-02 可以看出，垫层的顶标高并不在基础的底标高位置，中间隔了个 70 厚的防水层，所以要把垫层的顶标高修改成"基础底标高-0.07"。操作步骤如下：

单击"选择"按钮→选中刚画好的垫层→在属性里修改垫层顶标高为"基础底标高-0.07"→敲回车。这样基础和垫层之间就离开了 70 的距离，如图 5-33 所示。

（2）画防水层　选择"基础防水层"名称→单击"智能布置"下拉菜单→单击"筏板"→单击已画好的筏板基础→单击右键，弹出"请输入出边距离"对话栏→填写出边距离为"0"→单击"确定"，这样基础防水层就画好了，如图 5-34 所示。

属性名称	属性值	附加
名称	基础防水	
材质	预拌混凝	☐
混凝土类型	（预拌混凝土）	☐
混凝土标号	（C10）	☐
形状	面型	☐
厚度(mm)	70	☐
顶标高(m)	基础底标	☐

	编码	类别	项目名称	项目特征	单位	工程量表	表达式说明	措施
1	⊟ 010904002	项	楼（地）面涂膜防水	1. SBS改性沥青：	m2	DBMJ	DBMJ〈底部面积〉	☐
2	子目1	补	50厚细石混凝土保护层		m2	DBMJ	DBMJ〈底部面积〉	☐
3	子目2	补	SBS改性沥青防水层		m2	DBMJ	DBMJ〈底部面积〉	☐
4	子目3	补	20厚1:2水泥砂浆找平层		m2	DBMJ	DBMJ〈底部面积〉	☐

图 5-32

图 5-33

图 5-34

3. 查看混凝土垫层及防水层软件计算结果

汇总结束后，在画垫层的状态下，单击"选择"按钮→单击"批量选择"按钮，弹出"批量选择构件图元"对话框→勾选"垫层"和"基础防水层"→单击"确定"→单击"查看工程量"按钮→单击"做法工程量"，基础防水层和垫层工程量汇总见表5-17。

表 5-17　基础防水层和垫层工程量汇总

编　码	项目名称	单　位	软件量	手工量
010501001	垫层(体积)	m³	26.029	26.029
子目 1	基础垫层(体积)	m³	26.029	26.029
011702001	基础垫层(模板面积)	m²	7.24	7.24
子目 1	基础垫层模板面积	m²	7.24	7.24
010904002	楼(地)面涂膜防水	m²	253.09	253.09
子目 3	20 厚 1 : 2 水泥砂浆找平层	m²	253.09	253.09
子目 1	50 厚细石混凝土保护层	m²	253.09	253.09
子目 2	SBS 改性沥青防水层	m²	253.09	253.09

单击"退出"按钮,退出"查看构件图元工程量"对话框。

四、画大开挖土方

关于大开挖土方,清单和定额现在均按实际体积计算。由于基础侧面有防水层,工作面按 1m 计算,放坡系数暂定为 0.25,首先来定义大开挖的属性和做法。

1. 定义大开挖土方的属性和做法

单击土方前面的"▷"将其展开→单击"大开挖土方"→单击"新建"下拉菜单→单击"新建大开挖土方",修改属性名称为"大开挖土方",定义好的属性和做法如图 5-35 所示。

2. 布置大开挖土方

单击"绘图"按钮,进入绘图界面→选择"大开挖土方"名称→单击"智能布置"下拉菜单→单击"筏板基础"→单击画好的筏板基础→单击右键,这样大开挖土方就布置好了,如图 5-36 所示。

3. 查看大开挖土方软件计算结果

汇总结束后,在画大开挖土方的状态下,单击"选择"按钮→单击已经画好的大开挖土方→单击"查看工程量"按钮→单击"做法工程量",大开挖土方工程量见表 5-18。

表 5-18　大开挖土方工程量汇总

编　码	项目名称	单　位	软件量	手工量	备　注
010103001	回填方	m³	247.2639	247.848	正常误差
子目 1	回填土体积	m³	247.2639	247.848	正常误差
子目 2	回填土运输	m³	247.2639	247.848	正常误差
010101002	挖一般土方	m³	873.824	873.7	正常误差
子目 1	大开挖土方	m³	873.824	873.7	正常误差
子目 2	基底打夯面积	m²	328.69	328.69	
子目 3	余土外运体积	m²	626.5601	625.852	正常误差

单击"退出"按钮,退出"查看构件图元工程量"对话框。

4. 定义大开挖土方的属性和做法(按照土方增量计算)

有些地区的大开挖土方是按照土方增量计算的,按照土方增量的方式计算一下大开挖土方。在属性里不填写放坡系数,直接填写挖土深度、顶底标高,定义好的大开挖土方(按照土方增量)属性和做法如图 5-37 所示。

5. 画大开挖(按照土方增量计算)

在画土方增量大开挖之前需要将刚才画的大开挖删掉,画大开挖的方法与刚才画放坡的大开挖一样，画好的大开挖土方如图 5-38 所示。

属性名称	属性值	附加
名称	大开挖土方	
深度(mm)	2470	☐
工作面宽(	1000	☐
放坡系数	0.25	☐
顶标高(m)	底标高加深度	☐
底标高(m)	层底标高	☐
备注		☐
⊟ 计算属性		
计算设置	按默认计算设置	
计算规则	按默认计算规则	

	编码	类别	项目名称	项目特征	单位	工程量表达	表达式说明	措施项
1	⊟ 010101002	项	挖一般土方	1. 三类土:	m3	TFTJ	TFTJ<土方体积>	☐
2	子目1	补	大开挖土方		m3	TFTJ	TFTJ<土方体积>	☐
3	子目2	补	基底打夯面积		m2	DKWTFDMMJ	DKWTFDMMJ<大开挖土方底面面积>	☐
4	子目3	补	余土外运体积		m2	TFTJ-STHTTJ	TFTJ<土方体积>-STHTTJ<素土回填体积>	☐
5	⊟ 010103001	项	回填方		m3	STHTTJ	STHTTJ<素土回填体积>	☐
6	子目1	补	回填土体积		m3	STHTTJ	STHTTJ<素土回填体积>	☐
7	子目2	补	回填土运输		m3	STHTTJ	STHTTJ<素土回填体积>	☐

图 5-35

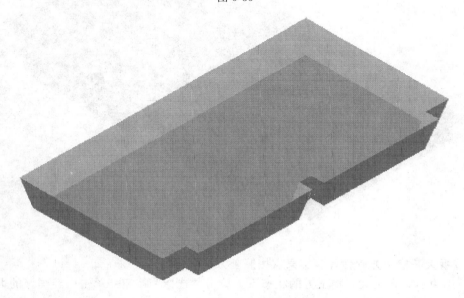

图 5-36

属性名称	属性值	附加
名称	大开挖土	
深度(mm)	2470	☐
工作面宽(	1000	☐
放坡系数	0	☐
顶标高(m)	-1.2	☐
底标高(m)	-3.67	☐

	编码	类别	项目名称	项目特征	单位	工程量表达式	表达式说明	措施
1	− 010101002	项	挖一般土方	1. 三类土:	m3	TFTJ	TFTJ〈土方体积〉	☐
2	子目1	补	大开挖土方		m3	TFTJ	TFTJ〈土方体积〉	☐
3	子目2	补	基底打夯面积		m2	DKWTFDMMJ	DKWTFDMMJ〈大开挖土方底面面积〉	☐
4	子目3	补	余土外运体积		m2	TFTJ-STHTTJ	TFTJ〈土方体积〉-STHTTJ〈素土回填体积〉	☐
5	子目4	补	土方增量体积		m3	TFFPZL	TFFPZL〈土方放坡增量〉	☐
6	− 010103001	项	回填方		m3	STHTTJ	STHTTJ〈素土回填体积〉	☐
7	子目1	补	回填土体积		m3	STHTTJ	STHTTJ〈素土回填体积〉	☐
8	子目2	补	回填土运输		m3	STHTTJ	STHTTJ〈素土回填体积〉	☐

图 5-37

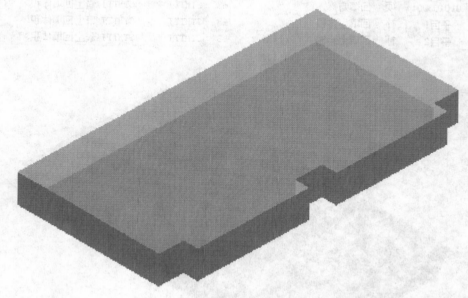

图 5-38

6. 查看大开挖土方软件计算结果（按照土方增量计算）

汇总结束后，在画大开挖土方的状态下，单击"选择"按钮→单击已经画好的大开挖土方→单击"查看工程量"按钮→单击"做法工程量"，大开挖土方工程量见表5-19。

表 5-19　大开挖土方工程量汇总（按照土方增量计算）

编　码	项目名称	单　位	软件量	手工量	备　注
010103001	回填方	m³	323.6744	323.64	正常误差
子目 1	回填土体积	m³	323.6744	323.64	正常误差
子目 2	回填土运输	m³	323.6744	323.64	正常误差
010101002	挖一般土方	m³	949.4927	949.492	正常误差
子目 1	大开挖土方	m³	949.4927	949.492	正常误差
子目 2	基底打夯面积	m²	328.69	328.69	
子目 4	土方增量体积	m³	137.6284	137.628	正常误差
子目 3	余土外运体积	m²	625.8183	625.852	正常误差

单击"退出"按钮，退出"查看构件图元工程量"对话框。

注：在实际工程中，大开挖土方只能根据当地的计算规则选择一种算法，不能两个同时计算。

后　记

　　关于各层及整楼汇总表的重要说明：前面已经计算完了 1 号住宅楼的所有工程量，并将每个量与手工答案进行了对比，但是并没有给出各层及整楼的软件计算结果。如果你已经掌握了前面的应用，那么你做剪力墙结构的工程就不会有问题了，本书的目的已经达到了。如果你真的想要这些报表，请企业 QQ800014859 向服务人员索取，正常上班时间一般都有人；若遇到没人的情况，请留言，我们会在第一时间给你发这些表格的电子版。